川尻裕一郎

農村の歩みに命と共同を学ぶ

土地改良にかかわりながら

日本経済評論社

序　農村の歩みに命と共同を学ぶ

　多くの国家的課題のあるなか、出生率低下、食糧自給率の低下等、命に関わる課題の根本には、言葉にならないレベルで進行する「生命からの乖離《かいり》」現象があると最近考えている。

　一介の土地改良技術者が大それた課題意識をもつようになったのは、農業の用水や農村が生存を目的に形成され生命に密着した存在であることによる。そこには言葉にならないレベルをも含んだシステム目的が存在していて、それを可能にした働きが共同であると考えている。用水と村は生命に密着した多層な共同のシステム「命の共同体」であったと考えている。

　共同の働きと、システムの目的、命とを見てみよう。ため池で用水を、次いでサトイモで食糧の原初の姿を紹介する。

　まず用水について。ため池の機能は水田の始まりと共にあったが、ため池は共同の水源として村人が力を合わせて造った施設である。水田地帯には田をめぐり水を引くという行為があり、水田の用水は水と気配りの絆の場（水管理情報の場）[1]の上で成立していたと言える。大渇水での水不足で命の糧の稲が不作になることは、常に個人を超えた関係者全員が共有する問題になり共同が発生した。

次にサトイモについて、食糧としてのサトイモ（里芋と表記）は歴史書に見あたらず、遺跡の発掘でも見つかっていない。それなのに、今でも芋煮会が盛大に行われ、お正月の雑煮の具であり芋名月との言葉があり、俳句では芋と言えば里芋である。「芋の葉に日はかがやきて海遠し」（角川源義）、この句には、芋という食糧と命への憧憬、命のふるさとと海からの乖離の悼みがある。里芋は日本人の心の底には確かに存在し続けている。

命の糧としての里芋、共同を支えた里芋の存在の傍証を、縄文時代の巨木文化の記述から知ることが出来る。縄文時代、日本海沿岸には巨木文化があった。石川県下の遺跡では大量の巨木が出土し、新潟県下で出土した直径六五センチの栗の木には目途穴《めどあな》があった(2)。巨木に穴を開けて綱をかけ皆でヨイショヨイショと山から引いた、まるで諏訪の御柱の祭りの情景を思わせる。大切な柱を運ぶために多くの人々が集まり力の限りを尽くしている情景、それは共同の目的に向かう人間の共同の姿である。

この姿の実現には膨大なエネルギーが必要であって、私は稲作以前にそれを可能にした作物が里芋だったと考えている。

古代九州の豊の国は〝芋《うも》茂る国〟と呼ばれていた(3)。常緑広葉樹林帯の九州で里芋が食糧であったことは充分に推定できる。また、縄文時代の気候変動に伴って常緑広葉樹林帯と里芋は海岸線にそって本州北端まで達していたであろうことも推定できる。

原初から今日まで食糧とその基盤の姿を思い描いてみよう。命の断絶の脅威に共同の力で立ち向かい継続されて来ている農村は、命と共同の学習の場であって、それは生命からの乖離を回復する場でもあり得る。

このため、改めて農業・農村に目を向け、農村に足を運ぶことが大切なことであると思う。

（1） ウェブサイト「Senecа21st」話題18第8話。
（2） 森浩一『記紀の考古学』朝日文庫。
（3） 渡辺澄夫『大分県の歴史』山川出版社。
（4） 佐原・都出編『古代史の論点1』小学館、二〇〇〇（縄文時代中期のヒプシサーマル期では平均気温が現在より2℃高かった）。

目次

第三編　汝は何故に斯くも美しきか、何故に水の姿を纏いしか

第一編　ため池と里芋

Ⅰ　ため池のある風景

「そうだ、あれって、ため池だったんだ！」

そんな小さな発見に、小さな喜びに、微笑みを浮かべる少女。

写真集をめくりながら、心楽しい情景が浮かんで参りました。

古都の旅の思い出とかさなり、山里の棚田の風景とかさなり、車窓を過ぎて行った水面《みなも》を思い出し、更には、テレビドラマの心に残る一場面に、日頃、気にも留めていなかった水の姿が心に浮かんでくる。

農の営みと農村の姿が日常から遠のいている現在、私たちと、この写真集（『ため池のある風景』日本写真企画）の主題である〝ため池〟との縁《えん》にこのようなイメージを持ちました。

古都、猿沢の池と興福寺の五重塔、浮見堂と桜の浮かぶ鷺池《さぎいけ》の夕暮れ、山の辺の道での御陵の濠や集落の環濠《かんごう》とのめぐり逢い。越後の地滑り地帯の棚田を見降ろすため池の残照。古代、印南野《いなみの》と呼ばれた加古《かこ》台地を過ぎる新幹線から目にするため池、それらは旱魃《かんばつ》を生き抜いてきた村々の象徴であります。満開の桜の二枝の背景となって、二人の生きざまを支えてでもいるかの如き、漣のわたる水面《みなも》、それはドラマ「花のあと」（藤沢周平）の全編を象徴する場面でした。手にされている人それぞれの心にも、この写真集を縁《よすが》に様々なイメージが生まれることでありましょう。

全国に二十数万あると言われるため池は、今日、私たちの日常に現れるものではなく、多分、全国の津々浦々で目立たぬ姿で、私たちの深層に働きかけている存在と言った役どころなのでしょう。〝思い出の映画の名脇役〟、〝ふるさとの母〟。そんなフレーズが、ふと心に浮かびます。ため池の風景は何故か、めぐり逢いを重ねて来た目立たぬもの、遠くから影のように私達を支え寄り添うものを思わせます。

ため池は何故そのような思いを抱かせるのか、そんな問いの答えを、〝ため池の働き〟を見ながら考えてみましょう。

そもそも、全国の膨大な数のため池は何をしているのでしょうか、古代以来造り続けられ、今日まで生き生きと使われ続けられている理由は何なのでしょうか。ため池の成り立ちと働きから見てゆきます。

春、桜の開花に促され、山の雪形《ゆきがた》に応じるかのように、田植えの準備がはじまると、田に水が張られ日本列島には水の風景が現れます。この風景を支えている陰の主役が、実は、畦《あぜ》に囲まれた田に水が湛えられていること、一枚一枚の田の貯水機能、水田のため池としての働きなのです。

生き物は皆、水を頼りに生きていますが、稲（水稲）の栽培には特に大量の水が必要です。その水が、川からの取水と、ため池での貯留で確保されてきたことは、皆様もご存じのことでありますが、源《みなもと》はと言えば、それは全て降水です。田に降る雨は水田の畦で溜められ、山と野に降る雨は川に集まり、ため池に溜められ、人の手で取水されてから、水路と分水工《ぶんすいこう》を使って広大な水田へと広がって行きます。

このように、我が国の食そして稲作の重要な基礎（生存の基盤）には、全国の水田に水が溜まっていること、〝ため池の働き〟があります。

しかし、雨の降りかたは元来不規則ですし、田面への降水だけでは水量も不足です。日本の稲作は不足する水量を補給しなければ成立しないのが宿命です。

田圃の姿を頭に浮かべて下さい。水田には〝畦〟と〝水口《みなくち》〟と〝水尻《みなじり》〟があります。田面に降った雨で不足する水を、水口から取水し己の田に溜めてから、下（次《つぎ》）の田への水を水尻から流します。田は水口・水尻で結ばれ、田を越えて水は次々と流れ、村々の田は潤《うるお》されて参りました。稲作の開始以来、耕地整理や圃場整備が行われるまでの長い長い間、我が国では、このような灌漑〝田越し灌漑《かんがい》〟が行われてきました。田越し灌漑は、水田が、水を流す役目〝水路の働き〟と水を蓄え水の流れを調節する役目〝ため池の働き〟を有していることで成立していたと言えます。

田越し灌漑の成立には、もう一つ大切なことがありました。気配りと共同の気持ちです。全国的に圃場整備が行われ現在の姿になる以前は、村人の田は狭小であちこちに散在していました。そのため、ここでは下の田になる人が他の田では上の場合も多く、気配りをして乏しい水を下の田に流して〝分け合うこと〟は我が身にとっても大切でした。古くからの諺「情けは人のためならず」は、日本社会の倫理的存在であるばかりでなく現実的・実態的なものでもあったのです。それを可能にしていた働きがため池の貯留機能がもたらす余裕（水流の時間的変動の緩和と制御の効果）だったと考えられるのです。

我が国の用水は、その地域で得られる限られた水を、気配りと共同の精神で分かち合っていくことで成立しています。そのため、分水工や分水のルール等に様々な工夫もなされてまいりましたが、たび重なる水不足には、その工夫にも限界があって、新たな水源、共同の水源（川からの新たな取水やため池の新設等）を求める願いが村々に生まれて参ります。皆でお互いに工夫を凝らしながら水を使っていますので水不足は皆の問題でした。

まずは地形を生かして皆の願いの水を手近かな場所に溜めておく。そのような共同の原初の姿、水田の〝ため池の働き〟の原点のような姿を、ため池の働きを兼ねた場所を表わす言葉〝田《た》堤《づつみ》、泓《ふけ》〟があったことに見ることができます。代掻《しろか》き・田植え時の水を皿池のような田に溜めて皆が田植えを終わり、水が減って池の底（それが田面でもある）が現れて初めて田植えが出来る。そんな田とも堤とも言える田があったのです。そこには、特定の水田のため池の機能を特に強化することによって、地域（共同の範囲）の田とため池の機能を高めているため池の原初の姿を見ることが出来ます。この原初のため池機能が、共同の範囲の拡大と地域の発展と共に成長した姿として私たちが目にする各地の皿池があります。その象徴的で目立った存在が印南野の加古大池でありましょう。

このように、地域々々で生きる糧を得るために、ため池の働きを共同して強化していく過程が日本の稲作の基礎に在るのです。谷の奥や山懐にひっそりと佇むため池、河川の上流に築かれてきた灌漑用のダムは、その地域の願いと努力の集積した歴史的（時間縦断的）存在であります。

このような壮大なため池の働きに思いをはせている折に、ふと、〝水を溜める行為〟が夏の砂浜での子供の遊びにも見られることに気づいてしまうと、田の畔《あぜ》を巨大化して皿池とし、谷津の奥に堤を設けてため池とした行為は、人間にもともと備えられていた根源的な能力によるのではとさえ思えてしまいます。人が手に水を掬《むす》ぶ折に形造られる掌《たなごころ》を見れば、窪みに水を湛えることは人間の自然なのだとさえ思えるのです。

皆が共同で目指す出来事（ため池造りだけでなく、映画やドラマも、野球の一勝も）の成立を目立たぬ陰で支えているもの、事を成就させる基盤、生命を育むものの基底には何か普遍的な働きがあると思われませんか。

それは私（願わくは私達）に、生命を育み慈しみ続けて止まない存在を思わせるのです。冒頭にふと浮かんだ少女の微笑み。そこにも、ため池の写真に彼女の無意識の世界（彼女の遠い先祖《おやおや》たちの記憶）からの語りかけが生む働きがあるのでしょう。写真にはそのような世界に働き掛ける力が在るのではと思うのです。

日本人の生存を陰ながら支えて来た〝ため池〟とその写真達、その協働が生んだものには感慨深いものがあります。

II　ため池に想う

1　ため池と観音像

『ため池のある風景』。手にした二冊目の写真集は、〝桜〟〝薫風《くんぷう》〟〝緑陰〟と始められ〝楽園〟〝野火〟で終わって行った。多様な感性と多彩な技術で〝むら〟から切り取られた画像を楽しんだ。『ため池の四季』から十年足らずの間に、写真の技術もカメラの機能も随分進んだことが素人目にも感じられる。

良く撮れているな、あの村のため池だな等と思いながら一枚一枚と時間を過ごしたのだが、そんな時間の中で、どの一枚にも写っていなかった〝観音の姿、観音像〟が、何故か脳裏から離れないのである。

ため池は何を持っているのか。ため池の何がそんな思いを抱かせるのか。だが一方では、観音さまとため池の縁は古《いにしえ》から元々深いのに、気付き難かっただけのこととも思える。実際のところは、土地改良という行為への理解が深まるにつれて見えて来ているのかもしれない。私の経験に沿って少し考えてみよう。

水と十一面観音

愛知県下、矢作川の支流巴川の上流には、半世紀以上前に完成し、三河平野の主要部分を潤している羽布ダムがあります。そのダムの貯水式が行われた秋、土地改良区から関係者に観音像が渡され、入省したばかりの現場の若造だった私まで頂きました。その折は、郷里の母へ預けてしまい、意味を考えることもありませんでした。観音像が私の中で目覚め、土地改良と生命について思いが巡るようになるにはかなりの時間が必要でした。

花の吉野、桜に彫られた蔵王権現を祀る吉野の始まりは水分《みくまり》神社だと言われております。多くの水利事業とダム建設が為された吉野川の源流の山々に水の神が祀《まつ》られ、それが桜花に彩られた吉野になって今日に至っていること、そこには、人と水と〝祀られるもの〟の奥深い縁がうかがわれます。

白洲正子の著作『十一面観音巡礼』（講談社文芸文庫）にも、観音様（十一面観音）と水と大地、そして山との深いつながりが脈々と流れております。ため池と観音を考える一助に、水に関わる箇所を中心に、考えの流れが見えるように配慮しながら見てみましょう。

作品は〝聖林寺《しょうりんじ》から観音寺へ〞から書き始められ〝熊野詣《くまのもうで》〞に至る十六編のエッセイで構成されています。

その中の四番目のエッセイ〝木津川にそって〞には、「今度歩いてみて、それらの寺が互いに関聯すること、水の信仰と密接に結びついていること、特に東大寺の造営に大きな役割を果たした事実を知ることが出来た」（六三頁）と、水と十一面観音のつながりが冒頭にまず述べられております。

そして、木津川沿いの一寺、海住山寺《かいじゅうざんじ》の仏像をみて「有名な室生寺の十一面観音でも、山間に祀られている仏像には、みな共通の特徴がある。……軽快さは失せ、かわりに大地に根をはった力強さが現れる」（六七頁）と述べ、大地と十一面観音のつながりの言及も始まります。

次いで、観菩提寺の正月堂の修正会について「奈良のお水取りとまったく同じで、……違う所は民衆の祭りと結びついていることで、……春の祭りは、地下に眠っている精霊を呼びさます為に大地を踏んだり、走り廻ったりするといわれているが、『走りの行法』も『五体投地』も原型はこうゆう所にあったかもしれない」（七四頁）と述べられていることは、十一面観音が祀られることと、大地の精霊・生命を生む力への祈りとの深い関係を考えさせます。

続くエッセイ〝若狭のお水送り〟の中では「十一面観音のお堂（奈良、東大寺の二月堂）を造った時、優秀な土木の技術者を若狭から招いて、井戸を掘らせたのではなかろうか。……水を神聖視した古代の人々にとって、井戸というものが特別の意味合いをもっていたことは、たとえば三輪山の拝殿の奥とか、飛鳥板蓋宮跡などに、みごとな井戸が残っていることでもわかる。井戸そのものがご神体となっている場合も古い神社には少なくない」（八二頁）と、十一面観音と井戸（地中から湧出する水―筆者注）との密接なつながりを述べています。

この地方には、〝井〟と言われたため池と井戸の機能を併せ持つ水源施設の原初形態が見られることから、ため池に思いを巡らせようとするとき、この一文は、誠に印象的なものであります。

次の〝奈良のお水取〟の中ではいよいよ水への言及があります。「この井戸は天平以前からあった霊泉で、土地の人々の崇敬を集めていたに違いない。東山の山麓には、つい最近まで田圃があり、用水として不可欠のものであった。……その泉が山崩れか、旱魃で涸れたのを、若狭の人々が改築し、再びいい水が出るようになった。……水を失うことは、庶民の生活をおびやかすばかりか、信仰上の大問題であった」（一〇三頁）。

この東山山麓の山の辺の道を歩くと、ため池の他に、ため池の働きを併せ持つ天皇陵の濠や集落の環濠が多く見られるのです。中にはため池として管理している水利組合の立札の立っている池もあります。

更に続く〝水神の里〟には、室生寺の鎮守社に注目して「これこそ、室生寺の前身で、その方向を東へ遡った室生川のほとりに、『龍穴神社』が鎮座している。……本当の「龍穴」は更にその奥の谷間にある。……土地の人々は、室生のことをムロと呼んでおり、昔から神のこもるミムロとして畏敬されていた。龍神と結びついたのは、仏教が伝来してから後のことで、日本に古くから伝わった山の神、水の神と混交したにすぎまい」（一二〇頁）と述べ、十一面観音と水、山との深いつながりの根底には、日本人の根源的な世界観・自然観があるとの見方を示しています。

白洲は、続く〝秋篠あたり〟の中で、「秋篠川は、……東から流れてくる佐保川に合流する。どちらかといえば、ささやかな小川にすぎないが、平城宮はその二つの川の中間に造営され、灌漑用水としても重要な役目を果したと思う」（一四四頁）と述べ、その辺りの風景を描写したのち、「それは胸のおどる風景であった」と若き日の感慨をもらし、次のような言葉でその段落を終えています。

「もし言霊というものがあるならば、自然の景色にも魂があってもいい筈だ。それはたとえば葦手書のように、ささやかな水の流れ、草の葉末にも、言葉がかくされており、辿って行くとやがては一つの歌になる。歴史になる。そういう風に見る習慣が、いつの間にかついてしまった。これは私だけのことではあるまい。自分が今生きていることの不思議さに気づいた人々が、一様に経験している物の見方ではないかと思う」（一四五頁）。

用水に深く関わり続けてきた土地改良区の人々、村の人々は、「産土《うぶすな》」と言われることどもの根源を内に秘め、白洲のいう「自然の景色の魂」を読み取り、その語り部たりうる方々なのではと、私は思いたいし、土地改良の中での、ため池の根源的な意味もこの辺りから考えてみたいのです。

ため池の働き

ため池の働きを考えるのに大袈裟なことですが、まず頭に浮かぶのは、地球規模の大循環、大地と天空を舞台にした水の循環です。この水の循環の中で、ため池、水を貯めるという人間の営為はどのような働きをし、またどのような意味を持っているのでしょうか。

水と大地と〝生きるということ〟の中での、生存基盤造りの行為・土地改良、その中での〝ため池〟の意味を、少し考えてみましょう。

水、大地、生命体、それらを見渡すと、これらの縁を取り結ぶ働きをし、なかんずく生命体に活性を与えている存在が水であると言えます。私の独断ですが、大地から成り上がった巨大な存在「山々」、大地から湧出するが如く無数に生まれる「生命体」、という地球上の二つの巨大な存在に共通する普遍的なこと、それは大地から生ずるということであります。そして、この「生ずるものたち」に降り注がれているもの、それが天空より下り、山々を下り来る「水」、雨水です。

生存基盤造りの行為・土地改良は、地球上に生まれて来た無数の生命体の中で、生きる意志を持ち、〝考える人〟となった生き物〝人間〟が生き続けて行くために〝水〟と〝大地〟に働き掛ける営為であるといえます。生存基盤造り・土地改良の集積が「大地への刻印[1]」となって行く由縁でもあります。

ところで少々余談になりますが、〝考える人〟について一言。人間という生き物が、〝考える〟という能力を持った（悲観的な見方では〝持ってしまった〟）ことは、他の生物との比較を離れて、人間そのものを考えようとするとき、そう楽観的にばかりには考えられないと思います。生命の賛歌を表わし続けた（と私は思っている）ロダンの代表作とされる「考える人」のあの苦悩の姿〜力に満ちた唇に押し当てられた拳《こぶし》を持つその姿〜は、考える存在として進化してきた人間を激しく問うているのではないかと思えるのです。その救いを問わんとしているのではないかと思われるのです。この彫像が示す（と私は受け取っている）人間のポテンシャルでありうる〝悲観〟に思いを致すこともまた大切なことでありましょう。考える人となって陥りやすくなっている〝生命からの乖離〟を人間の宿命としない道は何処にあるのか、と問うてみるのも大切なことでありましょう。余談、終わります。

さて、人間の目から見れば、水はいったん大地へ下り、山から下れば、荒ぶる洪水となって人間を襲い、山さえ砕きます。まさに荒神です。しかし山から下り来る水、河水は常には生き物を育み慈しむ恵みの水であります。生命を支える循環の担い手である水は、大地（地球規模のため池とも言える〝海〟の底も含めて）が在って初めて、循環する水流の姿を現すのです。

ここで、地球規模の水の循環の中での人間特有の働きを考えるために、人間の働きを極端なまでに煎じ詰めてしまえば、それは、①地表面に水を広げること〝拡散〟と、②地表の一部に水を貯めること〝貯留〟になりましょう。目に見える行為としては、①の〝拡散〟は、分水工で水を分割する行為（分水）と、水路で水を移動させる行為（流送）に見ることが出来ます。②の〝貯留〟は、言葉通りため池やダム（時には自然の地形を利用して）で水を蓄える行為であります。ただ、〝貯留〟は、水の流れの時間的な調節の可能性をもたらす注目すべき働きといえます。畦に囲まれた小さな一枚の田がその貯留機能の有していること、小さな小さなため池であることは忘れてはなりません。

人は、生存の糧を得るために水路網によって地表に水を広げ、ため池等によって時間的変動に手を加えるという人間ならではの特有の影響を水の循環に与えているのです。

さて次に、ため池の働きを考えるために、ため池と人間集団の関係に目を向けて、人間の営為とため池の働きを少し考えてみましょう。

ため池が造られるようになる根本には〝人々の願い〟があります。その地で生き続けようとしている人間集団の集団としての意志があります。

たび重なり繰り返される水不足から逃れようとする個人の願い、それら個人の願いの集まり、願いをもった集団の願いの集まり、そのようにして集積された大いなる願いが、その根本にあります。それらは、水不足が幾度もまた幾世代となく続くことによって、世代的集団で構成されている、いわば歴史的な厚みを有する地域的歴史的（空間的時間的）組織体であります。それが、農業水利事業での慣用的表現「世代を超えた要望」であり、個人的信条「子孫に美田を遺す」になっているのでしょう。

水不足を抱えるもの同士が共倒れにならないように双方の願いを実現するためには、その水利をめぐっての調整（水利調整）が必要ですし、調整の結果〝合意形成〟に至るには、調整のための情報とその情報交換、目的実現のための手段・工事（そのための技術・資材・資金）、そして何よりも水不足を解消して生きて行こうとする集団の〝意志〟が必要です。ため池の風景はその集積の表現と言えます。ため池といった公の性質の強い施設を実現する集団の意志の形成、これこそが土地改良での合意形成と言われるものに他ならず、それを支える常識（コモンセンス）が、「和をもって貴しと為す」、「情けは人のためならず」だったと私は考えているのです。

私たちが目にするため池も、この写真集のため池一つひとつも、そのような人間の営為がもたらした存在であります。

ため池に潜む、生きんとする人々の〝願い〟と人々の営為を思えば、その写真集を手にして、観音さまへの思いから逃れられなかったのもまた、当然のことだったのかと思えているのです。

2 〝決定的継続〟～農の風景に宿るもの～

写真集を見ていて、書きたいことがもう一つあります。写真と言えば、工事現場の記録写真と調査の資料写真で過ごしてきた者が、写真について書くのは気が退けますが、農と土地改良の理解に関わることなので、この機会に書いてみます。

写真について、学生のころ目にして印象に残った言葉がありました。カルティエ・ブレッソンの〝決定的瞬間〟です。ステッキを抱えた紳士が水たまりを飛び越えようとしているスナップ写真（と僕には思えた）が添えられていました。高性能の三五ミリカメラが流行った時代でしたので、〝決定的瞬間〟とはスナップ写真全盛時代の写真の方法論の話だろうと、その頃は単純に思っていました。それが今では、写真の世界ではもっと深い意味があったはずだと思っているのです。農の生業（土地改良の行為も含めてのことです）を写した写真作品も見ていて写真の持つ力、その奥に秘められた物語る働きを意識するようになった頃からだろうと思います。

そして何時の頃からか、私の脳裏に生じ私から離れなくなったひとつの言葉があります。〝決定的継続〟です。多分、若いころ知ったブレッソンの〝決定的瞬間〟が脳裏にあって生まれたのだろうと思いますが、その言葉を意識させた写真作品は、濱谷浩氏の写真集『裏日本』で見た「田植女」です。この写真は、同氏のマスター・オブ・フォトグラフィー賞受賞記念の写真展（銀座松屋、一九八六）で、「エベレスト」と共に来場者を迎えるかのように配置されていた作品です。会場のエントランスにあった巨大な二作品、「エベレスト」と「田植女」が表現せんとしているものは何か。それを今、思い起こし、「〝生の貌〟で人間に執着し、〝地の貌〟で自然に執着した」といった濱谷浩氏の写真には、〝決定的継続〟がありありと写し取られていたのだと思っているのです。それは農の生業を写し取らんとした多くの作品にも多かれ少なかれ潜むものでもあって、私に共感を覚えさせるのです。

生命の継続性が現わすもの、そして生命への畏敬が生むものが、絵画の下塗りのように写真作品を支え、農の生業を写し取る作品に特有の味わいを添えるのではないでしょうか。それはまた、作品にある農の風景と言われるものの本質であり魅力の本源でもありましょう。

因みに、濱谷浩氏の「田植女」は、胸まで没する深田での田植えを終え、全身泥に覆われ、片手に早苗を手にして、すっくと立ち一歩前に踏み出さんとしている女性の姿であります(2)。

水の循環と生命への畏敬を正面から切り取った作品も紹介しておきましょう。ブライアン・ブレイクのフォトエッセイの二作品「モンスーンの雲」「モンスーンの雨(3)」です。一枚は空撮写真、ガンジスデルタの一面の湿地（その細部には原初の姿を示す水田群やため池の機能を有するのであろう地片が見える）の上空の雲と、雲間から湿地に落ちる陽光の写真です。並んで展示されていたもう一枚、これもインドで撮られたもので、空を仰いで微笑む若い女性の顔を煌《きら》めく雨滴が飾っている作品です。水の恵みと力を、高空から俯瞰《ふかん》した雲と大地と水で、超接近の水と人物で、作品にしています。その二作品を貫く水と光。ここにもまた〝決定的継続〟の姿があります。（写真抜きで写真を語る失礼をお許し下さい。）

最後に、写真と〝物語〟について、写真を見ながら人が得るもの、人が思い出し語ることによってはじめて得ることのできるもの、想起的記憶(4)といわれるものが生むものに思い至っております。五感、そしてその基底（共通感覚）にあって、私共に働きかけるものは何か。一枚の写真の作者の心の奥に潜んでいたのであろうため池にまつわる物語は何か。作品の被写体であるため池はどのような物語を持ち、村でどのように語られ、はた又、これらのため池は村のどうような歴史と共にあるのか。

写真集を置きながら、結局は、美しい風景としての写真、人の様々な営みを写し込んでいる作品、それらの基底に横たわるものを思わざるを得なかったのです。その象徴として観音様があったのかもしれません。

(1) 農業土木歴史研究会の出版物(公共事業出版社、一九八七)の題名。
(2) 詳しくは、拙著『田園誕生の風景』四一~四三頁、『水とふるさとへ』九八~一〇一頁を見て頂ければと存じます。
(3) 写真集団「マグナム」写真展「我らの時代」Bunkamura 1991。
(4) 「暗記されたものは物語として話されるときにはじめて本来の記憶となる」(中村雄二郎)。

III　里芋考

里芋への着目

私は里芋が縄文時代の食を支え（少なくとも常緑広葉樹林帯においては）、また我が国の灌漑の形成と普及の母体となる先行作物だったと考えている。

だが、イモの栽培については、一九六〇年代に「イモ栽培説」があったが、米以外の物的証拠がなく、これを含む縄文中期農耕論は低調になったとされている（『古代史の論点1』九八頁、小学館、二〇〇〇）。この本の巻頭座談会でもイネ科の種子や堅果類の食料利用が話題になり、続いてイモが話題に上がった際も、他の方々から何等の発言は無く話題は移っている（同、二三頁）。神話の世界で「粟稗麦豆を以っては、陸田種子《はたけつもの》とす。稲を以っては水田種子《たなつもの》とす」[1]とされていることも関係しているかもしれない。稲作をもたらした勢力は里芋を知らない人々だったのだろうか。

しかし一方、より根源的な視点では、「農耕開始以前もデンプンを貯蔵している植物体部分はエネルギー源として重要であったでしょうし、地下部にデンプンが蓄積される植物が採集の目的にされて来た(2)」としている。そうであれば、もともと、灌漑形成に止まらず一般化してイモは食用植物の先行型であったと考えて考察を進めても良いのであろう。

広辞苑では、里芋は「日本では一年生、原産地の熱帯では多年生である。花は仏焔苞に包まれた肉穂花序をなす。果実は液果（日本で見られる例ではミカン、ブドウ、トマト等—筆者注）。大部分は新旧両大陸に産し、日本には九属四〇種が分布。その内、サトイモ・コンニャクなどが食用。日本では開花しない。日本にも早くから渡来した、俳諧では芋と言えば里芋とされている」。「草木花歳時記　秋」（朝日新聞社稲畑汀子選）では「古来日本では、単に芋といえばサトイモである。インドからマレー半島が原産の多年草で、日本へは稲作以前に入ったという説がある」としている。

『イモとヒト』の冒頭の扉の図では、現地名はインド・ビルマ国境辺りの〝u〟から東進しながら〝umo〟〝imo〟と変化しつつ日本に至っている。『大分県の歴史』では、古代、大分は「芋《うも》しげる国」と呼ばれていたと記述している。

芋という漢字の原義は山芋である（白川静『常用字解』）が、日本では里芋である（前出の歳時記）。また、里芋を〝カイモ〟と呼ぶ所もあり、名前も長い歴史時間の経過の中で変化し呼ばれ方も地方色豊かだろうと想像される（このカイモの漢字表記は、家芋だろうか佃芋だろうか）。

このように諸説を見ながら、仏焔苞の植物にはサトイモ科の他に、ヤシ科があることを知ると、「椰子の実」に唱われた渡来と郷愁の思いもまた新たなものがある。

世界的に見ると、中国東部は熱帯の種と温帯の種が混じり合っていて、中国型の森林と呼ばれ独特の植生が形成されている（『角川世界名事典ラルース』）。そのような場所こそ、熱帯性の里芋の日本への伝搬の基地の可能性がある場所の一つだと考えさせる。それは、海上の道とともに稲作伝搬そっくり！だと思わせる。

九州はその中国型の森林に覆われているとされる（同右）。縄文時代の九州では熱帯性の里芋が稲作に先行しつつ（あるいは原始的稲作と並行しつつ）食の主柱であったことも考えられ、案外日本人の深層には里芋をめぐる深い思いが潜んでいるのではないか。

「芋の葉に日はとどまりて海遠し」（角川源義）。

稲作の先行植物としての里芋田芋

里芋は遺物として確認ができない[3]ためか、考古学では稲作に先行する植物とされていないが、私は、里芋の性質及び日本人の生活習慣上の扱い等から推定して我が国での植物栽培と灌漑発展のカギを握る植物であると考えている[4]。

まず推理・考察の取っ掛かりにアジアの民の栽培植物について里芋田芋に着目する。里芋田芋は、自生し易いが稲と比較して栽培範囲（面積）を広げてゆく上で稲よりも冠水に弱く、加えて収穫後の保存が難しいという欠点があった。一方、強みは過湿・湿潤への適応力があった。そして植物としての（更には生命体としての）何よりの強みは、収穫後に取り残された芋が親芋となり周りに多くの小芋（子芋）を付けることである。この特性は里芋田芋を発見した人類にとっても、発見された里芋田芋にとっても、幸せなことであった。人にとっては、取り残しの芋から種芋が自然に入手出来、里芋田芋にとっては、己の周囲で増え過ぎた子芋が育つ場所を人類が与えくれる。人類と里芋田芋の関係は、正に「ウィンウィン関係」であった。この関係は焼畑や低湿地周辺で栽培段階に達した人々の継続性と安定性の確保の重要な基礎であったろう。

里芋田芋の広がり方について

ここで、里芋田芋は知っているが、稲作を知らない勢力（ポリネシア・南アジア、そして日本の焼畑地帯の先史農耕文化的勢力）が焼畑を主体にしながら生活圏を少しずつ広げつつあったとしよう。彼らが焼畑をしながらその周辺（焼畑の境界領域）で目にするのは、里芋田芋栽培の適地、谷頭・谷間そして目前に広がる大沼沢地帯へと接している山や丘の裾の湿潤な土地

（低湿地）だったのだ。

生活用の水源周辺の湿り気の多い場所での里芋田芋の繁茂の発見が右記の行動の契機であったかもしれないし、里芋田芋のもたらした定住性の向上が定住集落の発達をもたらしたと考えることもできる。定住と農耕の生活から〝里〟と〝田〟の意識が生まれ、芋は里芋田芋と山芋に分化したのではないか。

傾斜のある谷頭・谷間で極く自然に身に付いていた畦造りの考え方と原始的な技術は広大な低湿地への進出の可能性を生んだと考える。

しかし、ここで考えるべきことがある。里芋はこの辺りでは（多分日本では）栄養体繁殖である。東アジアでは、里芋はより低温に適応した子芋型の三倍体サトイモ品種群が育成（突然変異・選抜？――筆者注）されたことが注目されるとされている。[5] 保存もし難い。そのような性質の里芋田芋は如何にして日本に到達したのか。如何にして他所に子孫を移動させたのか。人との関係なくしての伝搬・移動はあり得たのか。

日本における、このような里芋の存在と特徴を考えると、熱帯アジア、少なくとも中国東部の中国型森林から日本への移動は如何ようにして可能となったかを考えねばならない。

筆者が田芋の田を見かけた沖縄（久米島）や奄美（喜界島）では種子から発芽を見ることは出来るのか。最南端の波照間島ではどうか。そこで可能でなければ、さらに、台湾、中国南東部と発芽可能地の輪を広げれば、里芋田芋の種子からの発生地に辿り着く。後は、大陸から島伝いに縄文時代の船（水船状態をも含めて）と渡航術で渡る時間と里芋の保存性で伝搬の可能性は定まるであろう。直感的にはそれは十分可能であろうと期待をも込めて思う。試行が待たれるし試行の価値はあろう。

里芋田芋の性質を考える参考に、サトイモ科の野草をみると、『野草図鑑』第二巻（保育社）

遠賀川水系笹尾川に自生する里芋。護岸天端下１ｍ近くまで上昇した増水にも耐えた。

二四頁では「暖地の海岸の林地にあって親芋の周りに子芋ができる」とある。この野草の花から日本での里芋の花を推定できないか。岡山、四国東部以西にはナンゴクウラシマソウ、九州固有の野草にはヒメウラシマソウがあるとなっている。また、里芋もサトイモ科の野草の記述から想像される海流で漂着し海岸の林地で自生していた時代があったことをも想定出来ないのであろうか。これらの野草の名は、喜界島の昔話に「竜宮女房」(浦島太郎類似の伝説)があることを知ると命名の経過に興味がわく。

里芋田芋の海流伝搬の可能性

南西諸島の久米島、喜界島では伝統的に田芋が栽培され、サトウキビが主要生産物に成って稲作がほぼ消滅した現在も限られた場所ながら生産されている。特に喜界島では、村の主要水源である注連縄の張られた湧水池の直下流の田で栽培されていることは注目に値する。久米島も喜界島も、海流伝搬での漂着の候補地になりそうな場所である。

海流に乗っての伝搬に必要な性質についての検討事項①里芋田芋の保存性:太陽光下での保存性、塩水中での保存性、太陽光下塩水中での保存性、②里芋田芋の比重:乾けば塩水に浮くのか等を知れば、漂着した船(多分水船状態)に発芽能力の残された里芋田芋が数千年の時間の中でさえ、たまたま残っている可能性は論理的には無に近いだろう。

しかし、論理を超えてロマンに駆られて漂着の実験を試みてみてはと提案したくなっているのだ。無人の丸木舟で里芋田芋のみが漂着することを想定し、そのような状態を備えたモデル浮遊物をアジア各地から放流する実験を提案したくなっている。学会九十周年に向けて、アジア全体を舞台にする実験に夢を感じている。

（1）吉田敦彦『水の神話』（青土社、一九九九）一二〇頁。
（2）堀田満「根裁農耕で利用されている「イモ型」植物」、吉田・堀田・印東編『イモとヒト』（平凡社、二〇〇三）。
（3）佐原・都出編『古代史の論点1』（小学館、二〇〇〇）一一九頁、表1縄文時代の栽培植物の出土例。
（4）川尻裕一郎『村の肖像』（一世出版、二〇〇六）八二〜八九頁〝お月見団子に寄せて〟。
（5）前掲『イモとヒト』、一三頁。

Ⅳ　外来稲作の受容

はじめに

土地改良技術の発展と土地改良の理解の増進のためには、その技術と技術のもたらした成果である圃場や土地改良施設の時間的変遷過程（歴史、発展過程）の知識の蓄積が欠かせない。

その知識の内、技術の知識には、学術的検証に至る前の多くの知見や思考が存在し実業を支えていると筆者は考えている（ウェブサイトSeneca21st 話題49「知の共同体と自発的知の創造」参照）。

最尤（もっとももっともらしい）や蓋然性で一先ず納得出来る経験や思考の成果が、科学的としている知の世界に仲間入りすることは諦めるしかないのだろうかとも考えている。

そう考えながら、灌漑の発展過程に関して、遺物として見つかり難い〝里芋の存在〟を重視した見解を述べたことがある（拙著『村の肖像』八二〜八九頁〝お月見団子に寄せて〜里芋に見る夢〟、「里芋考」農業農村工学会誌、二〇一八年九月号参照）。

また既存研究成果がなく文献情報の少ない対象の研究として、筆者はかって中国地方の限界集落（鳥取県下千代川支流最奥の集落）の水利の調査（田辺直大氏の研究）に関わったことがある。その折りに比較考察の一助にすべく対照的な九州地方の都市周辺集落（福岡県下遠賀川支流の集落）の水利の調査を行った。

私は集落を水利の基本的な単位（利水基本単位）と考えて来ていて（〝水利用〟、農業土木学会中央研修会、一九八〇）、このテーマは基本単位の構造的理解の手段としても大切であろうと考える。この度、改めてその集落の水利について考察を始め、文献も無く物証も得難い状況下での灌漑について推理をしながら、同じ疑問に囚われている。

物証も文献も得難い対象を〝知〟の世界に加える道はないのかと、またまた自問している。「そんなものお話に過ぎない、神話かね」と一笑に賦するか、〝もっともらしい〟として取り敢えず科学的知識の一変種として記録に加え得るのか。

もう一つの〝真理〟〜限られた空間・限られた時間内の真理、取り敢えず〝実業（実用）の真理〟とでも名付けておきたいものと限定的に受けとめた〝知〟を考えに入れておきたい。このような真理の考えの存在を『一揆』（勝俣鎮夫、岩波新書）に見られる一揆の訴状の考え方に見ることが出来る。それを取り敢えず〝実業真理〟と名付けておこう。

なお、このような対象についての考察の考え方は、『巨大古墳の世紀』（森浩一、岩波新書、一九八二）の二一五〜二二三頁が参考と励ましとなった。古墳と共にため池に関しても科学の生まれる以前に作られた多数の施設があることは、皆の周知するところである。

特にその二一七、二一八頁は古代での水利の下行型（私の考え方ではあるが、上部レベルの施設・組織から下部レベルへとシステムが出来る型をこう呼んでいる）の発展過程の例になる。また、古代河内の〝古市大溝〟も下行型の一例になると考える。

今回、比較にならない小地域ではあるが、集落レベルで、これとは別の過程である下部から上部への自己形成的な過程（上行型）を観察・推理してみたい。私は上行型がより原初的であると考えている。

かつて存在しただろう、状態が未だ田・畑として未分化の階段状の農地（棚田状態の農地としておく）とその水源の発展過程、特に農地とその水源の原初段階の考察は、外来稲作技術の受容について考察する一助になればとも期待している。それは、対象集落のある遠賀川流域が、弥生時代の編年の基準とされ、稲作の伝搬とともに青森周辺まで伝搬しているとされる遠賀川土器が出土した地域であるからである。

また、この著作は「里芋と定住と土地基盤」の関係を重視しても書かれています。筆者は、里芋田芋の存在を考慮すると少なくとも日本における定住と原初的土地基盤での原初的栽培の始まりは先進的であったと考えています。

1　土地改良の黎明期についての見方

灌漑発展の基礎過程における疑問点

沖積平野や谷地で水田とその灌漑が成立する母体として「準水田」（農業土木試験場報告26、「素朴な用水論」）、焼畑との対比では「湛水畑」（『村の肖像』）としている土地があって、それらが水田灌漑形成の起点になったと私は考えていますが、水田灌漑が全国的な広がりを持つためには、母体となる土地を生存の基盤とした村々の生活が一定の安定性と継続性を持っていることが重要です。

かつて、私は、その安定性・継続性が稲作地に混在する稗の耐旱と耐冷の特性がその一助になると考えていましたが、混在する稗による安定性・継続性の確保は如何にも頼りなく、もっと力強く私たちの祖先を支え得た何かがあるはずだと、それが灌漑発展の基礎過程を研究している頃の疑問でした。第一の疑問点です。

この疑問の答えは里芋（食糧・主食としてのサトイモ）の存在でした。農耕文化の研究では、イモ文化、雑穀分化、水稲文化となったとされ、イモが先行するとの考え方は一般的のようです（『日本食物史』、三一頁〜「照葉樹林文化の発足」）。

第二の疑問点は、弥生時代にもたらされたと言われる（もっと早くなっていますが）外来の稲作の全国レベルの広範な普及の速度です。余りにも早すぎます。稲の種子と新たな稲作技術が幾ら革新的で有効なものであったとしても、そして、他の社会的条件が全て整っていたとしても、それを受容するための基盤となる土地を用意しなければならないことを考えると余りにも早く、私の頭では納得できませんでした。

稲作の高速な普及のためには、稲作以前の状態の土地基盤（水田とその灌漑）が稲作を受容する状態であることが必要です。

筆者は、日本の常緑広葉樹林帯では、広く里芋が栽培されていて、里芋栽培の土地基盤が稲作の受容を可能にしたと気が付き長年の疑問が解けたのです。

稲作の先行植物としての里芋田芋

最初に、〝里芋〟〝里芋田芋〟との漢字表記は食糧・主食としてのサトイモを意味させ、「食糧」は主食としての食べ物、「食料」は主食以外の食べ物を意味していることも再確認しておきましょう。それは国民の生存基盤づくりである土地改良の意味を考えるときは、食糧の生産・生存エネルギーの確保の視点が重要だと考えるからです。作物や植物としての場合はサトイモと区別して使い分けるように努めます。

古代の文献で、「記紀」での里芋の扱いを見ると、日本書紀では「粟稗麦豆を以っては、陸《は》田種子《たけつもの》とす。稲を以っては水田種子《たなつもの》とす」と書かれていて（『水の神話』青土社、一九九九、一二〇頁から）、里芋はありません。万葉集の一首には「芋（ウモ）の葉」の言葉があるがこれはサトイモのことである。「延喜式」で第三十六巻に「営芋二段」とあり里芋の栽培を記したものとされている（「芋よ」から）。醍醐天皇の作の「本朝本記」はサトイモの和名を「以倍都以毛（イエツイモ）」（家つ芋―筆者注）と表現しているが、これは同じイモでもヤマイモではない栽培イモを示すとある（『日本食物史』）。イエツイモについては、北九州ではサトイモの〝カイモ〟（家芋《かいも》？）と言う呼び方が残っている。古代の名前の名残なのだろうか。『大分県の歴史』は、豊の国は〝うもしげる国〟から書き始められている。これらは、日本書紀の編集、即ち国家レベルの食糧としては、サトイモは記述にあたらず、家レベル（Domestic Umo、年貢ではなく自分が必要とする身近な食べ物として―筆者注）では食糧・食料としては十分存在していたことを文字資料として示していると考えることが出来る。

里芋は遺物として確認ができない、その上に栽培・料理も容易で道具の遺物も少ないためか考古学では稲作に先行する植物とされていないが、私は、里芋はその性質及び日本人の生活習慣上の扱い等から推定して我が国での植物栽培と灌漑発展のカギを握る植物であると考えている。食料としてのより根源的な視点では、「農耕開始以前もデンプンを貯蔵している植物体部分はエネルギー源として重要であったでしょうし、地下部にデンプンが蓄積される植物が採集の目的にされて来た」としている（堀田満「根栽農耕で利用されている「イモ型」植物」、『イモとヒト』（平凡社、二〇〇三）の一〇頁所収）。この記述は狩猟採集時代においてさえ根栽植物が注目される可能性があったことを示唆してくれるのである（「里芋考」参照）。

ソロモンの二万八千年前の遺跡で石器に付いたデンプン粒と蓚酸カルシュウムの結晶が見つかった（佐藤洋一郎『DNA考古学』東洋書店、一九九九、一七八頁）。我が国の縄文時代でのサトイモの存在の物的証拠をこの方法で見つける可能性が期待される。

2　日本人の生活と里芋

文献は多いが、『イモと日本人』から抜粋して日本人の生活における里芋について、その膨大な記述から一部を紹介しておく。

鹿児島県甑島や黒島では神祭りに里芋を重視する。黒島では里芋は節日や祭祀には必ず用いられ、大里部落では今でも谷間の土地に多く作られているそうである。大晦日の供物は里芋であるという。

甑島の江石部落では、一坪半の里芋畑が全戸（二六五戸）に割り当てられていた。（大藤時彦の経過報告から）六三頁

正月儀礼には稲以外の里芋についても稲と等価値の儀礼があるていど日本に普遍化していることは認めざるを得ない。六九頁

大分県大分郡庄内町では元日にイモゾウスイ。七三頁

鹿児島県肝属郡佐多町では古くからのしきたりは里芋の料理、大きな里芋を丸ごと盛りつけた、だった。七五頁

球磨郡五木村のイモカンは正月の雑煮の前に必ず食べる里芋料理。七六頁

東京都青ヶ島（青ヶ島村）では、甘藷の入る前は里芋が主食だった。七六頁

（注）坪井洋文『イモと日本人』未来社、一九七九の「餅なし正月の背景」五四〜一三八頁から。

滋賀県浅井郡浅井町野瀬では、焼畑を開いて二年で放棄する。1型ソバ、ジャガイモ、アズキ、2型ダイコン、カブラ、ナ、ゴンボウ。里芋は、現在は常畑で耕作しているが、これも、カンノウ（焼畑）のなかで良質の土地が常畑化したところ（ヤマバタという）に植えたのに始まる。二四八頁

この中で、里芋、大根、牛蒡は儀礼食として重要な地位を占めてきた。二五〇頁

（注）前掲『イモと日本人』の「畑作文化の確認」二〇三〜二六四頁から。

3　里芋田芋の土地基盤

里芋田芋の栽培地拡大の素地

里芋田芋は知っているが、稲作を知らない縄文文化勢力が焼畑を主体にしながら生活圏を少しずつ広げているころ、彼らが焼畑をしながらその周辺（焼畑の境界領域）で目にするのは、里芋田芋栽培の適地、谷頭・谷間そして目前に広がる大沼沢地帯へと接している山や丘の裾の湿潤な土地（低湿地）だったのだ。生活用の水源周辺の湿り気の多い場所での里芋田芋の繁茂の発見がこのような行動の契機であったかもしれない。里芋田芋のもたらした定住性の向上が定住集落の発達をもたらしたと考えることもできる。

谷頭や谷間で極く自然に身に付いていた畦造りの考え方と原始的な技術は広大な低湿地への進出の可能性を生んだと考えられる。

栽培地拡大の可能性について

里芋はこの辺りでは栄養体繁殖であるが、東アジアには、里芋はより低温に適応した子芋型の三倍体サトイモ品種群があることが注目されるとされている（『イモとヒト』一三頁）。種子による移動はない。保存も難しいにもかかわらず、里芋田芋は如何にして日本の中で広がったのか。如何にして他所に子孫を移動させたのか。人との関係なくしての伝搬・移動はあり得たのか。

海を越えての日本への到達はともかく、近場の移動では、今でも対象地の川の草むらに里芋が自生しているのを見かけるので、長い時間経過の内には、傾斜地からの転落、流水や土砂崩壊に伴う移動は十分推定できる。

現在里芋の種芋は購入されているが、秋に収穫した芋を春まで保存して種芋として使う例（茨城県下）も聞いている。保存法は目の粗い袋に入れて土中に埋めておいたとのことであった。里芋は保存に際しても土との縁が切れない性質なのである。

このような里芋の性質を考えると、田芋の田を見かけた沖縄（久米島）や奄美（喜界島）、最南端の波照間島、さらに、台湾、中国南西部と発芽可能地の輪を広げれば、里芋田芋の種子からの発生地に辿り着く。後は、大陸から島伝いに縄文時代の船と渡航術で渡る時間と里芋の保存性で伝搬の可能性を知ることができよう。

灌漑成立の素地について

このようにして到達した低湿な土地への進出が、一方では水利の必要性を生み、谷頭・谷間でのため池の発想と築造の可能性を生むことになると考える。

以前、国東半島の谷間に原初的なため池があるのではと耳にしたことがある。その後の研究の進展は不勉強で知らないが、三内丸山遺跡では、「人工的な水域が造られたことが分かっています。台地から緩やかに下る小さな谷をせき止めたものと考えられています」(『古代史の論点1』八九頁〔辻誠一郎〕)とされている。貯留機能を持つ巨大畦畔・江丸・田堤の存在は推理できよう(拙著『素朴な用水論』公共事業通信社、一九九三、参照)。

弥生時代初期の稲作の水利の推理に際して、学術的判定・成果は別にして、巨大畦畔・江丸・田堤・井等、準ため池的築造物等の貯留機能を有する人工物は存在したとするのは無理なことではあるまい。

4　稲作受容期の食糧の土地基盤

常緑広葉樹林帯はその北端は海岸線にそって山形県、宮城県まで分布しております(原色現代科学辞典　植物)。稲作到来のころは、弥生小海進期(『古代史の論点1』)とされているので、北端はさらに北上していた可能性も推定されます。それ以前では、縄文時代のヒプシサーマル期をピークとする温暖な頃の広がりもありましょう。

まず、水田稲作の受容にあたって、焼畑に並んで〝水分の多い土地〟及び湿地での「湛水畑」ともいうべき土地を考える。未分化の状態の農地（原初的農地）が後述する経過を経て発展した状態です。そして、〝火〟による初期農業に並んで〝水〟による初期農業を想定して、湛水畑（原初的水田）での稲の栽培と灌漑の広範な受容を可能にした基盤を考えるのです。

湛水畑の主な作物は里芋田芋、稲（野生種〜熱帯ジャポニカの可能性がある〜も含めて）、稗が考えられます。この内、もともと湿地を好む作物で、栽培が比較的に容易で、稗などに比べて多収（現在は一・二t／一〇a）で、耐寒・耐旱でもあった里芋田芋は、水田の前身となる湛水畑を生存の基盤とした人々にとって、極めて重要な作物だったと考えられます。

本州北端の地にある三内丸山古墳（縄文中期）には巨木の構築物があってその遺構が復元されていますが、北陸地方にも石川県野々市町の御経塚遺跡（縄文後期）など〝日本海沿岸の縄文の巨木文化〟とされる遺跡群がある。金沢市のチカモリ遺跡出土の巨木には目途穴があった。巨木を多人数で引っ張って運搬するための穴とされている。目途穴は新潟県青海町の寺地遺跡（縄文中後期）の直径六五センチのクリの柱根にもあった（『記紀の考古学』三一八、三一九頁）。東大寺大仏殿の柱にある観光名物のくぐり穴もそれであろう。

このような巨木文化を支えるには、それにふさわしい人数と一定の集中が必要です。その人の集団（縄文時代なりの村と村々の集合）が存在しなければ実現できません。それを支える食糧の〝量〟の確保を考慮して考える必要があります。そのためには、この時代の食糧が堅果類等の採集や野生稲や稗の栽培とするだけでは不足で、もっと収量の多い食用植物が不可欠だったと考えるに至っているのです。それが里芋だったと推定しているのです。主食に米が無い時代に、それを可能にしたエネルギー源を里芋以外に求め得るのだろうかと考えています。里芋の加わった食用植物の栽培地（準農地・初期農地・農地）が広く存在しなければならなかったのであります。ヒプシサーマル期を頂点にした縄文時代の常緑広葉樹林帯の広がりの中で、極く原初的な栽培と土地基盤が生まれ、それらが発展しながら広範に用意されていた。そして、それが弥生稲作の急速な普及の基盤をなしていたと考えているのです。

今まで疑問が持たれないのは何かが考慮されていないからです。その何かは稲作の受容を可能とする土地基盤の整備（土地改良の行為）だったのです。

5　集落レベルの棚田状農地と水利の推理

対象地の初期状況

遠賀川下流の平野を縁取る山麓の村々の一つであった対象地は、付近の遺跡保存地域の発掘結果によれば、弥生時代に始まり（縄文時代の可能性も示唆されている）今日まで人々が住み続けている。

弥生時代の稲作の先進地であるが、縄文時代はどうであったろうか、九州では縄文文化の先進地は豊後・肥後（およそ今の大分県・熊本県以南）でこの辺りは、縄文海進の頃は栽培適地も限られ農耕の面では後進地（神話の山彦的には後進）だったろうと筆者は推理している。

図式的に言えば、里芋田芋と陸稲的稲か野生稲の栽培を素地に、前述の人工物造りの技術を持ち新しい稲作技術をも持つように成った人達が、海退で現れた山裾の湿地と山襞の谷間に里芋田芋と最新の栽培稲を作って行ったとひとまず描くことが出来よう。

現在の農地と水利の踏査

そのような目で対象地を踏査・観察すると、水田は山腹の棚田、棚田下部の谷間の水田、川沿いの水田、及び明治時代に開かれた開拓地の水田がある。水源は、天水、湧水、余り水（天水田下部の棚田・上手の池の下部の田から）、河川水、ため池貯留水になる。

対象地では、急斜面の棚田の近くの谷間の水田の最上部の田（地図参照）の上手に、巨岩の脇に湧水があり、その辺りは古墳の伝承がある。古墳は文字通り〝古い墓〟と考えたほうがよ

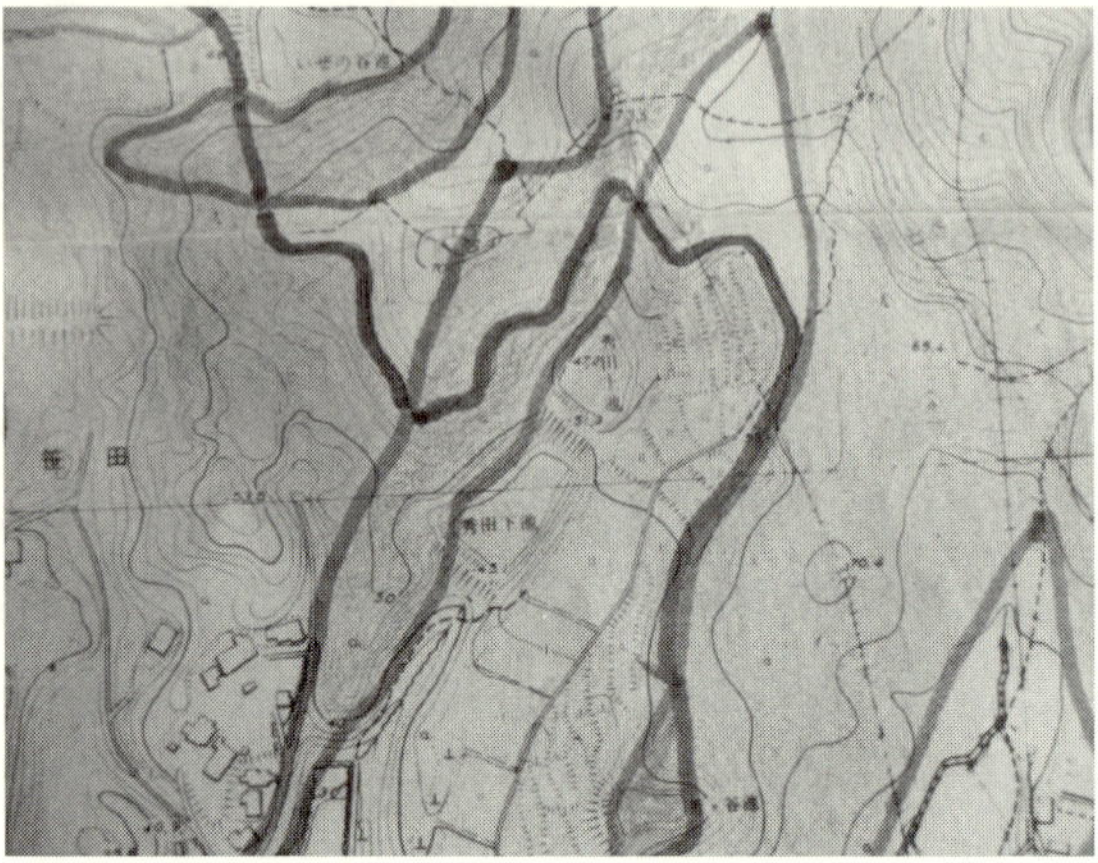

さそうだが、庚申塔とお堂があり、〃お猿さん〃と呼ばれ村人の信仰の対象でもあった。そのような村の水源の始まりの地を、村の開祖の象徴と位置づけて考えてみるのも面白いと思う。古墳伝承を「村の始まりの田を開き守った男」の墓と想定して水と土地の始まりを設定し過程を推定してみるのである。

推定される過程は、

①村の土地の発見者、村に最初に来た人のこと（切り立百姓的存在）を考える。
②村での人の定住を考える。
③村の田の始まりを考える。
④村の田の拡張（発展）過程を考える。
⑤村の田の用水の始まりを考える。
⑥用水の発展過程を考える。
⑦ため池の始まりと人の集団の始まりと成長。
⑧集落意識の誕生と集落の成立。

⑨成立の恩人への気付き。
⑩気付きの共有。
⑪恩人の弔いと墓の設立（対象地では〝お猿さん〟）。
⑫用水の根源（降雨・天と山）の気付き（対象地では湧水のある山、山裾のさざれ石から透み出ていると言われる）。その山の里宮としての村の社の成立。

これらの中で、必須の水源施設としてこの村には多くのため池がある。このため池群の形成過程（歴史）の解明は村の本質の理解に大切な知識であり、また明らかに出来れば、入手可能な郷土史や古文書と照合していけば、この村の考古学研究に準ずる裏付けが得られるのではとも考えられる。

夢が大きくなりすぎるが、各地でのこのような類推が集まり、畿内以西のため池群の同様な知識の集合が出来あがれば、記紀の考古学的解明の一助にもなるとの期待をも持ちたいのである。

かつて、「大地への刻印」作成時に読んだ「巨大古墳の世紀」の考え方は示唆に富んでいる。土木工学や考古学、地理学には多くの研究結果があると考えられ、それらがため池の形成と価値の研究に活かされることが期待される。

集落の水利の発展段階

発展のスタートに次の二タイプを想定する。

①タイプ1――山麓湿地周辺からの発展、

②タイプ2――山腹下部の焼き畑からの発展。

タイプ2がより原初的であると考え、タイプ2について考察を進める。なお、①の山麓湿地からの発展は既報の論文（「素朴な用水論」等）が参考になる。

今後の検討のために観察・考察を基に発展過程の段階フレームと古代集落で想定可能な取得水源の種類を想定しておくことにする。

①食用植物・始原的食用植物管理地、

②食用植物・始原的食用植物栽培地、

③焼畑、

④始原的開畑（常畑化）、

⑤棚田状農地（棚畑、準棚田）、

⑥農地内の潤水状態部分の発見、

⑦潤水状態の強化、

⑧畦のある畑地、

⑨棚田状農地の出現、
⑩天水棚田、
⑪水利のある棚田。

右記の段階での水源の機能向上の段階を次のように想定しておくことにする。
1、湧水と降水
2、湧水降水使用水田（小型水田）の成立と貯留能力の発生
3、貯留による湧水降水利用率の向上に伴う新規水田の成立
4、田堤の成立と湧水降水の利用率の向上
5、範囲の拡大、堤（ため池）機能の分化
6、貯留機能向上の願望（用水需要の増加）
7、新規水源開発（対象地ではため池の築造）。

これらについて対象集落では初期ため池の推定作業をする。例えば、古墳と言われる礼拝場所（庚申塚、おこもり堂がある）の湧水、湧水の上手に〝さざれ石〟と言っている地層がありそこから水が出る（村での聞き取り）、お猿さんの滝、初期（弥生時代）水田での貯留、田堤的貯留、最上流のため池を仮定してみる。

対象集落の水源の始まりである〝さざれ石からの湧水〟は、この地域の地質が中生層変質岩、花崗岩、閃緑岩等、炭層を狭有する地層は古第三層の砂岩、頁岩、礫岩の累層とされており、この山裾の湧水は、これらの地層がもたらすものと考えられる。

縄文時代の農耕を想定すれば、対象地では、山腹下部と洪積台地が候補地になる。この内、前者は、前述した古墳の伝承やお猿さんのある場所で、村の原初的な土地基盤のあった場所との想定も出来やすい特徴を持つ。

以上が対象地の観察から推定した結果である。今後は、原初的な土地基盤（土地と水）の形成のフレームを右記のように推定して考察を進めることが出来ればと考えている。

おわりに

縄文時代に蓄積された原初的ではあるが全国規模で展開されていた原初的土地基盤（事例とした集落で推定したような棚田状農地と水利）に里芋・稲・雑穀を柱とする農耕が行われて、それらが沖積地へと展開していた（多分縄文時代晩期には）。縄文晩期から弥生時代初期とされる外来の稲作の全国での急速な受容は、このような原初的土地基盤が存在したからだと筆者は考えている。

弥生時代における稲作の急速な普及には、整備に時間を要する土地基盤が用意されていたことが必要であって、里芋（品種としてのサトイモではなく食糧としての里芋）を栽培する原初的な農地と水利とその技術基盤が存在していたと考えて研究することが大切なのであろう。

この提案は、多くの課題・疑問点を抱えている（あるいは提起している）。今後、本論で生まれる多くの課題・疑問点に取り組む執筆が行われ、共同の結果として、土地改良の始点（黎明期の諸点）となる論文（群）が出来上がり、土地改良技術の発展と土地改良の理解の増進に寄与出来るようになればと考えている。

これからは、土地基盤の開発・整備・管理技術（土地改良の技術）が、人類の定住化を支えた食糧（主食としての食料）生産から出発したことを充分に意識して研究することが求められるのである。

第二編　技術と知

Ⅰ 「知」の共同体と〝自発的知〟の創造

1 「知」とは

私は、ウェブサイトSeneca21stに「話題18汝は何故に斯くも美しきか、何故に水の姿を纏いしか」（本書第三編）を提供したが、その連載の初回を〝発句編〟として始めた。

連歌の嗜みもなく知りもしない私が、連歌は、ある主題で、歌（全体の一部となる言葉）を読み継ぐもので、〝その始まりの一句を発句と言い、続く句を脇句と言う〟のだと言う、中学生か高校生程度の知識（それも専門家から見て正確かどうかの自信もないが）を基に、試みている形式なのです。

この形式は①テーマに対する個々人の知識の未熟さを前提にしながら、②テーマの答への接近を目指して③お互いに建設的に（即ち、相手の欠点に自分の存在を求めるのではなく、自分を参加させることに自分の存在をもとめるといった態度で）④自分の経験や考えを持ち寄ることによって⑤テーマへの答えを構成していく、といったものです。したがって、その答えは、常に確定的ではなく変動性を有しておりますが、テーマの答えに向かう方向性は失わないという性質を備え、その知を求めようとしている構成者、さらには、その答えに関心を持った他者の糧に成ってゆくのではと考えているのです。

市井の庶民の日々の生活、仕事の現場といった個々の現実がある場所は、少し分析的な態度で観察すると、関係する要素も多く、その相互関係も、解れば解るほど、強度も関係の数も沢山見えてくる、そういった経験は皆が共有しているところです。

そんな経験を共有している市井の庶民の心の奥底には、興味があって何時も何だか気にはなっている、だが少し、考えてみると、かなり魅力はあるが、余りにも壮大で手が出せない、あるいは手の出しようが解らない、さらに以前「ぼのぼの」という漫画で、主役のキャラクターが「考えるとだんだん怖くなってくる」と落ち込む姿が印象に残っていますが、そのようなテーマ等々と言った多くのテーマが世の中にはあります。そのようなテーマを、未完成を承知で、少しずつテーマに近づいている、あるいはテーマに向かって活動していることを楽しみにする仲間（その全体が共同体）と、そこで自ずから生まれてくる知に興味があるのです。そのような知は、現在学問の世界での定義に外れている危惧があります。それで「」を付すことに致しました（学問の世界では〝その他〟で、良く言えば新しいのかもしれませんしね）。

「」のついているこの知は、「知」を皆で一緒になって（共同して）作り上げていくという行為によって、皆を構成する構成員相互の強弱様々な関係が生まれ、その知が作り上げられるといった、現実の中で出来上がる一つの全体を生んでいく知を意味させています。構成者が自らの経験と思考を持ち寄ることが、一緒に作り上げる事を可能にしているので、「」で示されている知は、自ずと自発的性質を具備することとなっています。表題の「知」そのものも、謂わば〝緩やかではあるが、あるいは緩やかである故に、創造性に満ちた、また創造性を齎す知〟である期待が持てます。また不確かな部分を纏わざるを得ない〝現場の知識や知的活動〟を、知の活動の場に参入させるという〝新しさ〟を持つ知が誕生するのではないかと考えています。話題18は、話題の内容と共に、そのような形式の試みであり、今回の話題は、私が行っている（あるいは行おうとしている）その実践の試みであります。

ここでの例は、農業土木技術者を対象にした、ささやかな例ですが、このサイトの主題である環境問題は人間にとって最大とも言えるテーマです。考えて見れば、地球環境と言う、人類が棲みこんでいる〝もの〟（もの内部に居るが故に〝対象〟という言葉は使い難いので〝もの〟と言った）について、私たちは考えているのですから、外から眺めてあれこれ考えて来ることの多かったこれまでの知とは「〝ちとちがう〟知の方法もあり」なのではと思っております。そんな思いが心の片隅にあって、小さな例を提供する話題の名に〝「知」の共同体〟、〝自発的知〟といった大きな言葉を使ってしまいました。

なお、他の多くの分野で、このような知の形成の例は多いのではと推定されますので、提供していただけば「知」を考えることに役立つと考えています。

2　技術的経験談のすすめ

農業土木技術研修会講演の方針

私は以前「生存基盤とその技術」とのテーマで、農業土木技術研修会で講演を行った。このテーマは、大きくとても手に負えそうもない代物です。まして一回の講演での完結は無理なことも明白です。

それを承知で何故にあえて掲げたか。その何よりの理由は、この講演は、このテーマを契機にして、

①農業土木（土地改良）の行為とは、そもそも何なのか。

②われわれは農村地域とそこに生きて来た人々（村人）を相手に何をしているのか。

③そのためにどのような〝技〟技術を使っているのか。

等々と言ったことを、皆で考えて、皆で答えを築いていくことが出来ればと考えて行ったからです。

私は私の場合を語る！あなたはあなたの場合を語る！それらを統合し共有するための〝旗〟が講演で掲げたテーマなのです。

技術者としての自分の経験を、我々の〝技術を熱く語ること〟を試みようではないか、という誘いあるいは願望から生まれた表題であります。

そのようなことで、私がここで話そうとすることは、研修会でのねらいである次の四つのことを念頭に行われます。

①農業土木（土地改良）の行為の意味を日頃より少しだけ深く考えてみる。

②それとともに、技術の意味も少しだけ深く考えてみる。

③そのことによって、私たちの行為についての自信と自負（アイデンティティの素）が生まれることを期待する。

④今回のこの講演もそのような努力の一環（全体集合の一部）として実施する。

昔語りのすすめ

「昔語りをしよう」などと言って、自分の経験や技術を話したり書いたりすることを話題にすると、必ず帰って来る、あるいは想定される反応は、「俺の若いころは」に始まる話は嫌われる、そんな格好の悪いことをする気はない、といったものでしょう。しかし、そう言っている自分の一方には、話したい気持ちが潜んでいることも認めざるを得ないでしょう。

それに、私にとっては、昔語りについて書くことは、他の講演の折に「ＯＪＴや技術の継承に関係があると思います昔語りの重要性について触れたいのですが今日は触れません」（農業土木技術研修会青森会場・島根会場テキスト）と言って先送りにした宿題なのでもあります。

さて、そんな心境の整理の一助になり有意義な経験談が生まれることの期待を込めて、まず、以前、ある機関誌の「昔語りのすすめ」なる小文に書いた、昔語りの要点を、少し書いてみましょう。

〝昔語りのすすめ〟なぞと、わざわざ言っていますが、考えてみれば、庶民の生活の知識の蓄積と伝承の主役は永らく市井の〝物語〟だったことに思い当たります。それらは、一方では、採話されなければ世に出ることすらなかった情報でもありました。

しかし、その主役は、時代と共に何時か消え失せ、戦後、あるいは近代化といわれるようになってからか、親が子供に、職場の先輩が後輩に、年配者が自分の周囲に向かって、昔を語ることが疎んじられることが多くなった気がしている（私が今そのような年齢にあることもあろうが）。また、その意味や意義が問われることも少ない。もちろん、文化人類学などの研究や在野の熱心な取り組みを目にすることもあるが、実生活、社会全体の雰囲気では、避け難くそのような状況にある。

さらに、少し内省的になってみれば、社会全体の雰囲気に押されてかどうか、自分自身、自分の過去や経験に問いかけ、自分の経験の語りかけてくるものに耳を傾けることも少なくなっているのではと、このことも気になる。

少しクールに考えてみれば気のつくことだが、自分の歩みを振り返りながら、自分の後に続く技術者の姿を頭に浮かべながらの語りは、技術者としての自分の全体を対象化し自分に統一を与える行為（客観化の行為？）なのだと理解される。喩え、それが自分の得た小さな技術ではあっても、人が技術者人生を振り返った時にその人の心に鮮やかに残っている事柄、即ち自覚された果実に無価値なものがあるとは思えないのである。

むろん、そのような昔語りが、それなりに、私たちの技術者の仲間（価値や情報を共有する範囲）とそこにある関係の内容（関係性）の中で、有効な蓄積になっていくためには、それなりの内容と質は問われる。

年寄りの「思い出ばなし」や職場の上司の「俺の若いころは」に始まる話が何故嫌われるのか。そのことへの自省と世間との関係性をよく意識することが必要だと思う。

その昔語り・経験談が、関係する人々の共通の蓄積でありうることを心がけた（要は自己満足や独り善がりに陥らない）ものとして試されることが大切なのでしょう。

徒然草に遺された「久しくへだたりて逢いたる人の、我が方にありつること、数々に残りなく語りつづくるこそ、あいなけれ」が自戒であることは昔も今も変わりはない。

3　実践例「生存基盤とその技術」

技術的経験談については後述（Ⅳ章）します。

臨床医の友からの問い

農業土木技術研修の講演では、当然、技術的な経験を通じて「生存基盤とその技術」を語り、皆で考えて行く素材とすることを心がけて行ったのですが、次に、昔語りを、農業土木技術者に潜んでいる問い〝農業土木（土地改良）の存在理由〟を考える素材を提供するつもりで、旧友の臨床医Mとの書簡の形式を借りて、〝生存〟に的を当てて書いてみたい。

旧年、大学以来の再会を果たした友は、お互いラジオ少年だったこともあって、半世紀の時間の壁はあっという間に霧散した。あまり長くもなかった再会の時間の中で、彼は、長年の医学研究と臨床経験、そして劇的な体験によって、深々と人間に対峙する境地にあることを私に思わせた。ラジオ少年はそんな男になっていたのである。素人に解りやすく一言で言った自己紹介は「腸の難病のお医者さん」だった（記憶に間違いがなければ）。

煎じつめれば、腸と脳の関係が主題で、「脳は腸の出店である」と面白く例えてもいたが、腸と脳の情報交換やそれに関係する物質に話が及び、私が、用水の仕組みの一端として用水での情報について少し話すと、人体システムと用水システムとかけ離れてはいるものの、双方とも〝生命を支えるメカニズムであることは共通〟と意気投合して再会を期し、後日、自著「素朴な用水論」を献呈することとして別れた。そして、ここで話題にする返信を書くに至る問いの書簡が来たのである。読んで、まず驚いたのは、医学者の彼が、農業土木での関心も得られなかった「素朴な用水論」を誤植が見つかるまでに精読してくれていることであった。

そして、彼は、「最初に言っておきたいのは、農学者の貴兄がまさか中村雄二郎の『臨床の知とは何か』に興味があろうとは思わなかった」、「畑の違う貴兄との議論に、この本を通して共通因数も見出すことが出来た」と書いて寄こしたのです（傍点筆者）。

ここで私が、共通因数は生命で、それが最重要なものだと言ってしまえば簡単です。誰も異論をはさむ余地はないでしょう。でも、その答は余りにも大きく、またある意味あまりにも漠然としています。生命は因数ではなく両方の専門畑を超えている普遍的な基盤なのかもしれず、もっと具体的なものを見つけなければならないでしょう。

彼はそれに心当たりを見出しているようで、手紙には本をめぐって「おそらく両者の間には共通因子があると同時にまったく共通因子で説明しえない残差があったに違いない」と書いています。

ここから、問い、「なぜ私が『臨床の知とは何か』を読むようになったか」に答える返信が始まります。そしてこの答えは、私の最も身近で大切な他者（自分の仲間＝農業土木技術者）の多くが求めているのであろう〝土地改良という人間の営為の存在理由〟の探求の一助になるのではと思っているのです。それは、他者（農業土木以外の人たち）にも理解しうる性質（気障で気取った言い方ですが〝本質〟と考えておきましょう）を求めての小さな旅の物語をして行くことになりましょう。時間が経てば、私たち農業土木技術者それぞれの旅が集まって、土地改良行為の本質を高め充実していくのではと思うのです。

臨床医Mへの返信

M君！医学者の君にとって、用語の意味のずれと違和感に満ち満ちた「素朴な用水論」を読んでくれていることに、まずお礼を申します。

さて、君の率直な問いにまず答えなければならないが、実はこの問いは僕にとって有難い問いになった。『臨床の知とは何か』を読むまでには長い経緯があって、問いに答えるには、まず、そこまでの歩みを振り返り語らなければならず、君に答えることが、私自身、なぜ用水に、土地改良に、農村に、魅了されているかを知ることに繋がるのではないかと期待させるからです。勿論、〝臨床の知〟いや中村雄二郎の哲学が土地改良の理解に如何に重要かは大切なテーマではあるが、それはこの手紙以降のこととなろう。私たちの書簡の往復が、土地改良という行為の普遍的価値を私たち（君だけでなく私の農業土木技術者仲間、そして欲張れば、世間一般）が共有していく糸口になるのではとの淡い期待をも持つのです。

何しろ、私の用水論のそもそもの動機・発端が、他省庁（当時の建設省等）の人達に、如何にすれば、土地改良（特にその根本の一つである水使用）の本質を理解してもらって、村人とその集団（村～私の言う基本利水集団や土地改良区といったもの）の正当な権利が侵されないようにするかという切実なことなのでした。

何故、〝農学者（実は僕は農業土木と言う土地改良の技術者）で法律屋でもない君がそんなことをしているの〟と思うかもしれませんが。村人が実際に耕作し生活する基盤を整える事（新聞《読売29, Dec. 2012》の表現に寄れば、用水路や排水路などを整備する土地改良事業）が私たちの責務で、用水の権利は、彼らの生存の基盤なのです（もし国境が関わっていれば国家レベルの課題で、国民の生存の問題となりましょう）。私は、そのように信じ込んでしまったのです。それは独断かもしれませんが、しかしその独断は己のための独断ではないことは言っておきたいと思います。

さて、話題の『臨床の知とは何か』ですが、私が最初に手にした中村雄二郎の著作は、『臨床の知とは何か』のずっと以前の『術語集』だったと思います。

改めて今、『術語集』を手にし、目次の頁を開けますと、4「暗黙知」、17「コモンセンス」、38「臨床の知」にチェックマークが付けてあります。そんなところに関心があったのだろうと懐かしさを覚えますが、このような関心には、さらに幾つもの過去があることを思い出しております。

さて今、振り返ると、「暗黙知（注）」が気になった原因の一つに九州の阿蘇・久住の高原地帯の村々のことが思い当たります。

（注）　暗黙知：知ることについて《われわれは、語りうることより多くのことを知ることができる。》といったM・ポランニー提唱の捉え方。知ることあるいは知の可能性を語ること＝言語による明示化の限界を超えて、はっきり認めている（筆者が『術語集』、一六、一七頁の記述から要約した）。

私が、この地域での調査を担当していたころです。原野と村と共に過ごして、村という存在への関心が抜き難くなっていた頃、ひとつの短歌に出会いました。

「大阿蘇のヨナふる谷に親の親もその子の孫も棲み継ぐらしき」（佐々木信綱）です。この歌は、僕の目の前にある村とそこでの生活が〝生き続けて来て今ここに在る〟という事実を厳然と突き付けてきました。しかし、村と共に在ろうとしている私はその存在の根源を知らない。一方で、彼ら～多言を徳としない村人は、語りも語ろうともしない（語りえないのかも？）。が、彼らが体得はしていることは彼らの自信に満ちた生活態度から容易に推察される。

語られぬ存在との出会い

私が農村で村人が良かったと思う仕事をするには、語られないことを知らなければ本当のところの理解にも近づけず良い仕事にもならない～記録に無いものに如何にして近づくか。切実な内なる問いかけでありました。

そんな問いを長らく抱え、その後、農村の現実との出会いを重ねて来た私には、『術語集』で目にした〝暗黙知〟や〝臨床の知〟はこれこそ農村を理解する〝知の方法〟に違いないと、魅惑されたのだろうと思います。

中村雄二郎の『臨床の知』のスタート地点には〝演劇の知〟があるようですが、彼が、その発想を得たバリ島の文化（中村雄二郎『魔女ランダ考』）とそこでの演劇についての彼の所見「要素的には概して単純なのだが、そこに棲みそれを演ずる人々の振る舞い＝パフォーマンスを見ると、実は複雑で豊かなのである」（『術語集』、一五五頁）という内容は、農業土木技術者が共にあるべき灌漑や農村の真実と同型であると、私は感じ受け止めたのであろうと思うのです。多分これが、私が中村雄二郎の臨床の知に惹かれた理由と言えるかもしれません（ひとまず、そう書いておきます）。

村の尊厳

熊本から岡山に転勤して、中国四国農政局で計画を担当していたおりのことです。中国地方も四国も、ご存じのように山勝ち、言ってしまえば山ばかりで、海岸線との隙間に僅かな平地が見られると言った感じです。当然大きな関心事は山間地の村々となるのですが、特に自然条件の厳しい深い谷々で、山蔭に隠れるように棲み続けている村の将来を考えていると、「村は大切です。村の生産と生活の基盤をしっかり整備していきましょう」と言っているが、「この世の激動の中で、村の存続の確保は可能なのか。そのような確信と主張は、何処からもたらされるのか」と言った問いが心の奥底に常在する状態になってしまいます。どれほど時間が経ってからか、中国山地のある町村の図面を見て考えている時に、突然「村の尊厳」という言葉が頭に浮かび、それが問いへの答えとなって今日に至っております。これまた、独断で説得力はありませんが、共感を待つばかりですが、一応言葉にする時は、ひとまず、「人には人間の尊厳がある事は認められている。その人が集団を成して生き続けてきている村（それは私には生命体のように感じられた）という成体に尊厳が備わっているのは当然」と言っております。

ここで、村と言う存在の身体部分に相当する村の基盤を相手に仕事をする農業土木（土地改良）とその技術の、生命・生存との深いつながりを主張する根源を見ることが出来ると思っています。

私が用水や土地を、生存を明確に意識して「生存基盤」と呼ぶようになったのは、『大地への刻印』の作成に参加して、副題を〝この島国は如何にして我々の生存基盤となったか〟としてからです。ここにも出発点があったのだろうと思います。

土地改良を明確に〝生存基盤〟と文字化して眺めると、村で行われている行為が、とても生き生きと見え、興味も湧いてくると思うのです。

身体と精神で実現される演劇に知の在りようを見つめている中村雄二郎への興味は必然であったとさえ今更ながら思えているのです。私は、村（農村世界とでも言いたい）を「生存のドラマの秘められた共感の野（フィールド）」（『水とふるさとへ』五頁）としているのですから。私の農業土木への執念と確信はこんな所にもルーツがあるようです。

生命への畏敬

このように生命と農業土木を意識しながら過去を語って、最後に、鮮やかに思い出される最も古い思い出に、今となっては象徴的にとしか言いようがない気がする農林省の採用試験の面接での情景があります。

試験官の問い「尊敬する人物は？」に、僕は「シュヴァイツァー」と答え、その理由に、彼の〝生命への畏敬〟を挙げたことです。学生時代、何故『わが生活と思想より』を読んだのかよくは思い出せないのですが、生存基盤を整えることを生業としてきた今、その場面を振り返れば、誰がそのようなことを答えさせたのだろうと思ってしまいます。

（注）「生への意志」が思想化されて生じた「生命への畏敬」は世界人生肯定と倫理とを、ともに包含している。
同書、一五四頁。

川尻裕一郎「昔語りのすすめ」、『日本の水道鋼管』第二八巻第二号、一九九五年。
川尻裕一郎『素朴な用水論』公共事業通信社、一九九三年。
中村雄二郎『臨床の知とは何か』岩波新書、一九九二年。
中村雄二郎『術語集』岩波新書、一九八五年。
中村雄二郎『魔女ランダ考〜演劇的知とはなにか』岩波書店、一九八九年。
農業土木歴史研究会『大地への刻印』公共事業通信社、一九八八年。
川尻裕一郎『水とふるさとへ』家の光協会、一九九五年。
シュヴァイツァー『わが生活と思想より』白水社、一九五九年。

Ⅱ　生物の基本機能としての土地改良

はじめに

土地改良建設協会という団体が創立記念事業の一環として『大地への刻印』と名付けられた大部の図書を出版した。数十年も前のことである。企画の趣旨はその図書を学生生徒や一般の方が目にされ、土地改良の行為をよく知って頂くことに役立てたいとのことであったが、これからもその趣旨が生かされることは大切なことであると考えられる。

もともと、土地改良の行為の意味を何とか良く理解したいというのは私たち土地改良に携わる者の当然の共通の欲求でもあった。その後、『大地への刻印』で伝えようとしている考え方を更に進めていくことに役立つのではと思われる興味深い考え方を目にすることもままあったが、その中の一つに、リチャード・ドーキンス著の『利己的な遺伝子』がある。ここでは、同書を引用しながら、土地改良行為の意味を少し考えてみたい。

R・ドーキンスの『利己的な遺伝子』は、ベストセラーを続け「生存機械―遺伝子という名の利己的な分子を保存するべく盲目的にプログラムされたロボット機械なのだ」(同書まえがき)、いわば、「生物は遺伝子の乗り物(ヴィークル)だ」との見方とともに流行ともなったので、ご存じの方も多かろうと思う。自然界での淘汰の力は、遺伝子に直接的に働くのではなく、その表現型(phenotype:個体発生のあいだに遺伝子と環境の共同の産物として、生物体の表にあらわれる属性―『延長された表現型』の用語解説より)に働くとの概念をもとに生物の存在と進化を説く説明は興味深く、土地改良という行為を考えていくためにも多くの示唆を感ずるものである。表現型については別に彼の著書『延長された表現型』があり、同書のカバーはビーバーのダムの絵で飾られている。

1 『大地への刻印』について

まず『大地への刻印』の表題・目次構成等を紹介して、少しコメントを加えておこう。

表題『大地への刻印』には副題がついていて、「この島国は如何にして我々の生存基盤となったか」となっている。

全体構成は、国土と人々（PART 1）、国土づくりの歴史（PART 2）、技術の歩み（PART 3）、の三部で構成されている。各パートはそれぞれ、・国土と人々では、我が国の風土と国土、国土の基盤づくりの歴史、むらとその生活、・国土づくりの歴史では、土地を拓く、土地に刻む碁盤の目、土地に応じた開発、水がつくる国土と社会、水をつくる歴史、・技術の歩みは国土づくりを支えた技術となっている。

さしずめ、Part 1では、大地への刻印の舞台と役者の登場があり、国土の基盤づくりというドラマの台本、そしてそれを演じた人々とムラについて述べてある。Part 2は、いわばドラマの解説にあたり、土地の拓かれていく姿、そこに人間の計画性が加わる姿、続いて土地づくりと国土形成、水づくりと社会形成に着目して我が国各地の実績を豊富に紹介しながらの生き生きとした記述が見られる。最後のPart 3では、このような壮大なドラマが生まれまた演ずることが可能になるために、どのような技術が育まれドラマが支えられてきたかを述べ、むすびの「この刻印に人は何を読むか」に至っている。

2 キーワード「生存基盤」の展開

R・ドーキンスは、「一つの遺伝子の表現型効果というものは、その遺伝子が次の世代にみずからを送り込むための道具(タンパク質の合成に効果をもつのと同じように)であることを思い出せ(三八一頁)」と言い、遺伝子を、「それが属する生物体の外側の世界にまで及ぶ表現型効果をもつもの(同)」として語り、心に浮かぶ事例として、ビーバーのダム、トビケラの巣等の造作物(構築物)をあげている(括弧内は三八四頁にもとづく筆者の注)。そして続いて「トビケラの巣は、ロブスターの堅い殻がそうであったのと同じやりかたで、淘汰によって選ばれてきたにちがいない(三八三頁)」と述べているが、この例を、ダムと聞いて土地改良にかかわる者が、つい目を向けたくなるビーバーのダムの場合について考えてみよう。

まず、ドーキンスのいうところを注釈を加えながら整理しておこう。トビケラ・ロブスターの例で発現している表現型効果は外敵から身を守る機能といえる。それを、小石を編んで造った巣という体の外の構築物に託し個体には構築物を造るソフトと構造がそなえられているか(トビケラの場合)、体の外部と接する境界部分を強化し外敵から身を守る機能を得ているか(ロブスターの場合)の違いがあるが、いずれの場合も〝体の内か外か〟にかかわらず、それが遺伝子が生きながらえる（ドーキンスの一躍有名になった見方）ことに、より適当であったことには変わりがないのである。

さて、体の内か外かはこれでクリア出来たとして、それではいずれも体の外の場合になっている、ダムを造るビーバー・人間の例ではどうであろうか。遺伝子とそのヴィークル（ドーキンスのいうところの）が生きながらえるために、さらに人間の場合は多分その集団が生きながらえるために、水を貯留する構築物（構造物）を建設することまでは双方ひどく類似していて、人間の行為も生命の連続性という壮大な仕組みの一環としてとらえてもそう違和感はない。あるいはひょっとすると、食糧の安全保障との言葉や見方よりも人々にはこの方がより切実感があるかもしれない。

大地への刻印のPart 2国土づくりの歴史の「水がつくる国土と社会」において、水を取る、水をくり返し使う、水を汲む、水路が結ぶ社会、とともに重要な構成要素として、〝水を貯める〟と〝ため池をめぐる社会〟の記述があり、Part 3国土づくりを支えた技術では、古来からの重要技術として、古墳の築造とため池の建設が述べられている。

我が国の生存基盤とその形成過程において、重要な位置を占めるため池という貯水のための構築物を例にしてこのような見方が出来ることは、生存の基盤全体について考えを深め、更には広く理解を求めて行こうとするときに役立ち得るのではないかと考える。

しかし、大地への刻印で分かってもらおうとしている「生存基盤」を考えるには、体の外に機能を求めるトビケラの場合についてもう少し考えておくことがいる。その上で、人間とビーバーの場合の生存の基盤についての考察を続けよう。私たちがこれまで感心はするものの、「それは生き物の本能なのだ」の一言でそのメカニズムを極めようとしてこなかった生物の構築物造りの行為を、遺伝子の表現型としたR・ドーキンスの見方は、土地改良の技術をしっかりととらえ直すのにも有効であると考える。

さて、土地改良の行為との関係で気付き注目されることは、構築物を個体の外に設けるトビゲラには、生物の個体に構築物を造るソフトと構築に必要な構造が備えられていることである。思えば、R・ドーキンスの見方を土地改良の行為の理解に適用することによって、このような見方、「遺伝子の表現型として生物に構造物づくりのソフトが形成されている」という見方をすることができたのである。この本は思考を進めるエンジンとしての力があるようだ。

構造物を造るソフトが、私たちが動物の本能としてとらえているように、生体の中に一体化して自己形成されているということは、考えてみれば衝撃に値することです。構造物を造るソフト、いわば「設計と施工法」ともいえるものが、ある機能を体外に設けることとともに、あるいは設けるために生体の中で発生しているのである。生物が生存を確保するために！

人間の歴史は機能の外化の歩みでもあり、それが思考にまで及びつつあることを考え合わせれば、『大地への刻印』がいみじくも言った、この島国を我々の生存基盤となし、それを支えた人間の技術は、少なくとも「ため池」の技術を例にすれば、生存という基本フレームを共有するものたちの中での、設計と施工法の外化という一つの段階と位置づけられよう。このような外化が知の共同（あるいは、共同そのもの）を必然すると考えられ、これから詳細な考察が必要とされる（追記二〇一八）。そしてこうして生じている「ロブスターの殻↓トビケラの巣↓ビーバーのダム↓人間のため池」という連続性は、人間が生存のために築いて来たため池群やダム、そして多分、生存基盤全体を生命の連続性という壮大な視点から考え、説明する有力な根拠の一つにもなろうと思い至るのである。

次に、トビケラの体に設えられた巣づくりのための構造をもとに考えねばならない。生物の体が生存のために（端的に言えば「餌」を得るべく）さまざまな特徴を持っている一方で、人は体にはさしたる特徴は持ち合わせず、手の延長としての道具を創造してきたこと（器官の外化）は言及するまでもないことだが、大地への刻印という言葉に象徴されている生存の確保（もちろん個の生存レベルを越えて）のために行われる大地やそれを巡る水循環の改変（機能強化？）は、手の延長とは若干趣を異にすることに気づく。少なくとも素直に考えれば、営々と造成と改良を重ね今日の機能を得ている広大な農地や流域規模にまでその関係が拡がっている用水の系を、手の延長、身体機能の外化と受け取るのには抵抗があろう。適当な表現ではないかもしれないが、身体との関係をことさら重視して言っても、それは身体で形づくられる（さらに拡張すれば脳の活動で形づくられる）機能の外部環境での再現といえる段階と考えるほどの特徴がある。そしてこれが、トビケラと人間グループ（ビーバーも含めて）の構築するものの差、すなわち、生存のための地域環境への働きかけであり、それが地域を生存の基盤と成していくことになる。地域環境に働きかける行為は人間活動には多く存在するが、生存の糧（餌）を得るという生命系の壮大な基本フレームの中で地域環境に働きかける土地改良の行為は、ドーキンスのいう「動物空間」において人類を独特の位置につけていると考えられる。そしてその足跡こそが大地への刻印であるといえよう。ドーキンスの著書に見られる考え方は、土地改良という行為はそのような位置づけを受けるべきものと思い至らせる。なお、動物空間という用語は多分、ドーキンス独特の言葉なので彼の著書『盲目の時計職人』によって要点を紹介しておきたい。ドーキンスは遺伝的空間なる概念を持ち、次のように述べてその中で動物空間という用語を用いている。「いままで地球上に生きてきた現実の動物は、理論的に存在することもできたはずの動物のうちの小さな部分集合なのだ。これら実在の動物は、遺伝的空間を通り抜けたごく少数の進化的軌跡の産物である。理論上、動物空間を通り抜ける可能性のある莫大な数の軌跡は、多数がありえない怪物になってしまう。実在の動物は、遺伝的空間の固有の場所に位置する仮想の怪物たちの狭間にぽつんぽつんと点在している（上巻一三二頁）」。動物空間という彼の言葉はこのような使われ方をしている。

さて最後に、体で形づくられる機能について、人間の精神活動の素晴らしさと時代を超えるような共感の例に触れて終わることにしよう。多分このようなことが土地改良の行為と文化とのかかわりにつながるのではとも考えてのことである。

拙著『田園誕生の風景』で「命おし幸きくよけんと岩走る垂水の水をむすびて飲みつ」という万葉の歌を引用して、垂水の水がむすばれた手の中にあって、それを命への祈りを込めて飲む。そのようにして形づくられた掌の窪みが私たちの身体によって造られる。一方では人間が生存を続けている地域に視線を転ずれば、生存の糧を得るために、谷奥の窪みを仕切り低地を堤で囲んで、人々によって造り上げられたため池がある。機能と共に和歌という情感の世界をも伴って結ばれているこの関係をここで紹介した『延長された表現型』といった根本的な考え方を援用して位置づけることは大切であろうと考えるのである。

遺伝子が表現型に与える影響がドーキンスの言うようにもともと「間接的」（遺伝子が現実に直接の影響を及ぼすことができるのは、タンパク質合成だけである。三八四頁）なのであれば、人間の構築物がその例外であるはずもなく、人間が一定の領域に立脚して生存を確保するために、この万葉人のような人間の精神活動も一体にして、土地や水への働きかけがなされることとその結果の構築物（土地改良の行為と土地改良施設）が、生態系の一環をなしている「人間」

の必然であることは頷かざるをえないのでしょう。

農業土木歴史研究会『大地への刻印』公共事業通信社、一九八八年。
R・ドーキンス『利己的な遺伝子』紀伊國屋書店、一九九一年。
R・ドーキンス『延長された表現型』紀伊國屋書店、一九八七年。
R・ドーキンス『盲目の時計職人』早川書房、二〇〇四年。
川尻裕一郎『田園誕生の風景』日本経済評論社、一九九〇年。

III　鈴木大拙の『日本的霊性』

はじめに

会員諸兄に、鈴木大拙の『日本的霊性』を是非読んでいただきたい。一会員の最後のメッセージとして投稿させていただきました。

皆様と同じく土地改良の技術者として人生を送り、その関りの中で、用水、土地改良、村の意味、そして真価を〝知りたい　知ってもらいたい〟との思いが募り、新潟県下の現場（新津郷）で小学校の副読本を書いて以来今日まで、それが私から離れません。いろいろ書いたり本を読んだりして来ましたが今は、この本を紹介したいとの思いが強いのです。

決して易しい本ではありません。私も私なりの読み方しか出来ておりません。しかし、私が今、自信を持って言える事は、土地改良に従事し、真剣に困難に立ち向かった経験のある会員諸兄がこの本を手にされれば、必ず何処かに、〝我が意を得たり〟と、嬉しくなるページがあります。特に、〝大地〟が現れるページは多くの諸兄にそのような思いを抱かせることでありましょう。

最近、私は土地改良に携わったことの効用について不思議な感じを持っています。それは、この『日本的霊性』もそうですが、一般に難しいと言われる哲学、医学や心理、物理、宗教、等の入門書が、土地改良の現地での経験を下敷きにして我流で読むと何故か結構面白いのです。理解の水準は問題にならないくらい低レベルなのに不思議であります。我が国の農村で為されてきた土地改良という営為に潜む何らかのメカニズムが作用しているのではないかと思ったりします。

超人の如き存在に不遜な事ではありますが、フロム、ベルクソン、大拙が、われわれが経験したような土地改良の営為を知ること（例えば大拙が妙好人を知ったように）があったなら、彼等をどれほど喜ばせただろうか、等と思ったりしております。

最後の書きものであろう、ウェブサイト「Seneca21st」の話題18「汝は何故に斯くも美しきか、何故に水の姿を纏いしか」を書き終え、個人的には断筆宣言をしたような気になっていたのですが、機関誌「Aric 情報」での執筆の依頼と話題18を第8話で書き終えて、もっと言及すべきであったとの心残りがあったことを機会に、私の土地改良への思い（思い込み？）を、大拙の『日本的霊性』を媒体にして書いてみようと考えました。

土地改良の為に目的を持った行動を為すべき時に、各々が土地改良の根源的意味を各々なりに納得し、一人ひとりが自信を持っていることが、大切であろうとの思いもあります。

1　鈴木大拙との出会い

数年前、腸の難病の医師である友人の「用水をそんなふう（拙著『素朴な用水論』）に考えているなら、〝マズロー〟を読んでみたら」。その一言が、鈴木大拙の『日本的霊性』とその著書の根底にある〝大地性〟への再会をもたらした。

マズロー（『人間性の心理学』他）と、その先達フロム、そしてフロム（『人間における自由』他）の先達と思われるベルクソン（『道徳と宗教の二源泉』）と読んでいるうちに、そこに、鈴木大拙（フロムは彼を師としていたと私は想像している〜『禅と精神分析』参照）が居たのです。〝再会〟と書いたのは、かつて、「21世紀土地改良区創造運動」での、土地改良事業団体連合会の愛称募集に、「大地.com」で応募した時に読んでいたからです。それ以来、鈴木大拙の〝大地性〟は私の中に潜在し続けて居たようでした。前述の話題18を改めて読み返せば、私の深部での彼の影響を思わざるを得ないのです。

彼の著書に添って、彼の〝大地性〟を紹介しながら、土地改良に関わる人々にとっての〝大地〟の意味を考え、このメッセージに託したいと思います。

その前に今回、いや今だからこそ気付いたと思われることがあります。この著作の書かれた時期です。この本は、昭和一九年一二月に出版されているのです。その日付には、敗戦後の国民を思い、どのような状況下においても失われることのない、日本・日本人の存在を日本国民（そして多分望み得れば占領国の国民にも）知ってもらいたい、との思いに駆られ書き進める鈴木大拙の姿が見えるのです。翻って歴史的とも思われる困難の中にある農業、農村、土地改良の置かれている現状に思いを馳せれば、そこからの飛躍の糧（まずは回復の原動力）も、このような時期に書かれ、この書に託された鈴木大拙の思想の中にあるのかもしれないとの思いもまた、私の脳裏にはあるのです。前置きが長くなりましたが本題に入りましょう。

土地改良の営為が、大地を相手にし、大地と共にあり、大地に立脚している。このこと、この実感は、土地改良の実業の経験者誰もが有するものでありましょう（意識するか否か、言葉にするか否かにかかわらず）。それは、名著『大地への刻印～この島国は如何にして我々の生存基盤となったか～』（農業土木歴史研究会編著）が我々の手にあることでも示されています。この実感をひとつの必然としている土地改良技術者は幸せものであります。些か気障でもあるが、これが土地改良技術者の道を歩み、今こうして過し方を振り返りつつ、筆を進めている筆者の感慨である。

この実感、土地改良技術者の現場経験によってもたらされ身につくものが、実は以外にも私達の技術の世界を超えて大きな広がりを持っていることを、鈴木大拙の『日本的霊性』は〝大地性〟を通じて（縁にして）気づかせてくれるのです。〝禅〟の国際的理解に努めた偉人。心理、哲学、道徳、宗教にわたる偉大な先達である鈴木大拙における〝大地〟は如何なるものであったかを、敗戦を目前にしている愛する日本人に向けて、彼が出版した著作『日本的霊性』に見てゆくことにしよう。

2　鈴木大拙にみる人とその集団にとっての〝大地〟

それでは、引用を重ねながら逐次紹介していこう。

目次を見ると、緒言に続く第一篇〝鎌倉時代と日本的霊性〟の中で大地性についての論述があり、大地と日本人の根底に潜在する宗教意識とその発現について、著者の心の高揚をも感じさせる記述がみられる。

まず、〝霊性〟という言葉について書かねば不親切だし、居心地も悪かろう。

〝霊性〟は精神や心と言われるものに近いが、それらの言語表現の周辺にある言語表現できないものまで含んだ言葉として使われていると考えておきましょう。彼によれば「精神の精も神の意なのだから、精神は神ということで、その神というのは、形に対し、(また)物に対するのであるから、神は心だといってよいのである(『日本的霊性』一二頁)」。結局、心は目には見えないが存在するものということになる。一方、「精神は意志で、意志は〝宇宙生成の根源力といえる〟のであるから(同、一一頁)」そうであれば精神・神・心は、〝目には見えないが存在する宇宙生成の意志力〟ということになり、それは、物の究極と考えられている〝エネルギー〟〝振動〟と類似のもの(目に見えず物としては直接観測できないが、働きはとらえ得る)にみえてくる。結局、神や宇宙生成の根源とされているものは、エネルギー、振動(光)に近いか似たものということになる。精神・神・心として、人間が意識し概念化する〝それらの在りようの奥にある言語化・概念化出来ないが存在するもの(宇宙生成の根源力)〟、そのようなものを鈴木大拙は霊性としていると、私は受けとめておきたい。言語化できないものを言葉に表して広く通用しているものが、〝なーむ　あみだーば(あ〜!光よ!、南無阿弥陀仏)〟、〝光あれ〟、になるのでしょう。それは〝霊性〟や、〝生きよという声(話題18)〟にも通じているようだ。

霊性をこのようにイメージして本書に入ろう(霊性について、より深くは一一四頁以下及び

第二編日本的霊性の顕現の3日本的霊性的直覚（一一六頁）を読んで下さい）。

本書の緒言が、「民族と大地との関係が、鎌倉時代に初めて緊密になって、両者の間に霊性の息吹きが取交わされた。」で終わっていることが印象的であり、ここにまず、日本・日本人を考えるにあたっての〝大地〟の重要さが見られる。

なぜ大地が重要なのか第一編「鎌倉時代と日本的霊性」の、一情性的生活の、3大地性（四三〜五〇頁）に見られる大地に関するキーセンテンスを列記してみよう。曰く、

「霊性の奥の院は大地の座に在る」四三頁

「人間は大地において自然と人間との交錯を経験する」四四頁

「大地は人間にとりて、大教育者である」四四頁

「人間は、天の恵みの普遍性を大地を通じて知る」（要約）四五頁

「宗教は、親しく大地の上に起臥する人間—即ち農民の中から出るときに、最も真実性をもつ」四五頁

「春の暖かさは、大地に萌ゆる草花によりて、親しく感ぜられる。単にこの身に気持ちが良いだけでは、天日の有難さは普遍性をもち得ぬ。大地と共にその恵みを受ける時に、天日はこの身、この一個の人間の外に出て、その愛の平等性を肯定する。本当の愛は、個人的なるものの奥に、我も人（他人あるいは人全体、人一般—筆者注）もというところがなくてはいけない。

ここに宗教がある、霊性の生活がある。天日だけでは宗教意識は呼びさまされぬ。大地を通さなければならぬ」四五頁

「大地を通すというのは、大地と人間の感応交道が在るところを通す、の義である」四五頁

土地改良の行為は、〝生きよと言う声で生かされているものの生存環境の現実的欠陥を補う行為の一つ、生存に向かって大地に手を加える行為〟であって、その結果が「大地への刻印」となると言えます。彼の言う「大地を通す」は、土地改良の行為と耕す行為とに最も端的に現れていると思われませんか！

さらに彼は続けます。

「この生命は、必ず個体を根拠として成立する。個体は大地の連続である（繋がっている——筆者注）、大地に根を持っていて、大地に生まれ、大地に帰る」四九頁

「武家の強さは大地に根をもっていたというところにある」五〇頁

「大地に根ざさぬ限り、腕力は破壊する一方だ」五〇頁

「鎌倉武士には、力もあり、そのうえに霊の生命もあった」五〇頁

そして第一編は、「鎌倉時代は、霊の自然・大地の自然が、日本人をして、その本来のものに還らしめたと言ってよい」を結語として終わっています。これらのキーセンテンスを眺めながら、私は、つくづく、改めて〝大地と人間・人間集団とを取り結ぶ根源的な行為として土地

改良がある〟と思うのであります。

最後に、鎌倉時代についての鈴木大拙の見方の一つを引用しておきます。

彼は「〝鎌倉時代になって、政治と文化が貴族的・概念的因襲性を失却して大地性になったとき〟日本的霊性は自己に目覚めた」（七七頁）といって、「そこ（平安時代の文化的爛熟、退廃―筆者注）へ、大地の声が、農民を背景とする武家階級から上がって来た」「今まで沈黙を守るしかなかった庶民階級の思想と感情が、武家文化―大地精神―を通じて聞かれるようになる」（七七頁）、それが武家の禅、庶民の浄土系思想になったと大拙は考え、「浄土系思想は日本霊性の直接的顕現として大地に親しむものの中に結実した」（七八頁）としています。

おわりに

私は、用水そして村が形成継続されるポテンシャル・能力は何かとの問を抱えてきたが、その能力こそ、大拙のいう〝宇宙生成の意志力〟（一一頁）であったのだ。

鈴木大拙は「日本の精神史は鎌倉時代に至りて初めてその真意義を発揮した。仏教の真実性もこの時に大地からの霊の生命に触れた」（六〇頁）という。

この仏教の真実性それが、親鸞が大地に親しき人々に接して身につけた〝大悲〟であり、庶民的・個人的には〝他人の痛さを思う心根〟〝情は他人のためならず〟の諺であり、母の〝無償の愛〟であろう。それはまた〝和〟の成立の源なのでもあり、土地改良での共同の目的への〝合意形成〟、政治での〝和を以て貴しと為す〟なのであろう。大拙はその〝和〟を〝やわらぎ〟と読んでいる。

この根源的な心の在り様・持ち様こそ、草木の茂る大地に生を受けた民の心に、自ずから宿り潜在するもの（霊性、日本では日本的霊性）なのであろう。

日本・日本人にとって、鎌倉時代とそこで顕著になった大地性は、これからも貴重なものになると思います。

そして、ここまで見て来て、私の頭に浮かぶのは、皆の願いが集まり（〝一味同心の状態〟で）合意を形成し、用水やため池を造って、その水を分け合うという人間の姿である。そのような人間集団の状態は、〝大悲〟と言われるものに一歩近づいた状態（個人レベルから大悲レベルに向かう準位があるとすれば、準位の高まった状態）にあるのではないか。また宗教的な見方をすれば、それは農民集団の〝菩薩行〟と言えるのではないか。弘法大師と香川県下の満濃池、万元上人と新潟県下の西川等に見られる事蹟は所以無しとしない。鈴木大拙の著作『妙好人』には、市井の悟れる人への彼の思いのたけがみられるが、農民集団は集団が全体として妙好人的存在（〝超個己の一人〟（一一八、一二七、一三六頁）的な存在）と化していると言えるのではなかろうか。

土地改良事業の開始手続きの条文を見ていると、この法案を起草した方々の胸にも、このような思いが抱かれていたのではないかとさえ、ふと思ってしまうのです。

以上、老骨が思いに動かされ無理なテーマを書いてしまいました。しかも思い込みばかりで舌足らず、読後感は最悪かと思います。〝良く分からない〟でも〝何やらありそう〟、そんなストレスが切っ掛けになって大地に縁の深い技術者の会員諸兄が『日本的霊性』（岩波文庫）を手にされることを私は期待しています。

（注）〝草木の茂る国〟への言及は第三編Ⅷ章にあります。

Ⅳ　土地改良の現場で技術は如何にして誕生したか

はじめに

私はかつて、「用水路熱中人」というＮＨＫの番組に出演して「用水に惚れている」「俄かの恋ではないけれど」と言ってしまいました。

この講演では、私が用水に惚れていった過程、要するに彼女の魅力を知って行った過程をお話しし、皆さんが、我々の生存基盤（用水はその代表的なもの）とその技術（農業土木）の意味と特徴を考える一助にできればと考えております。

ところで、〝生存基盤〟については、私は、旧年講演した島根県では、特別の思い出がありました。中国四国農政局で技術課長をしていていた頃、中国山地の村々の農村整備モデル事業や〝ミニ総パ事業〟の意義を求める中で、この山地の村々は、私の今も変わらない考え方、「村の尊厳」〝生き続けてきて今日ある村々には尊厳がある〟という考え方を、授けてくれました。人の尊厳があるように村には〝村の尊厳〟がある。生存基盤を考える基本だと思います。

また話の進め方の基本は、①農業土木（土地改良）の行為の意味を日頃より少しだけ深く考えてみる。②それと共に、技術の意味も少しだけ深く考えてみる。③そのことによって、私たちの行為についての自信と自負が生まれることを期待する。そしてこの話も、そのような努力の一環（全体集合の一部）として行うことです。

以上の基本方針のもとで、本年度は、旧年の講演時に関心の高かった、現場での技術の経験談に比重をおいて詳しく行いたいと思います。経験談の大切さ「昔語りのすすめ」については、前章までに述べてあります。

1　この講演での技術の見方

テーマの〝生存基盤とその技術〟の技術については、土地改良法にある事業を実現するための技術、それに農村整備や環境整備に関わる技術が加わったものと考えておくことにいたします。

私たちの技術の著しい特徴は、その技術の行使に、生物と人の集団とが密接に関わり不可分の関係にある事だと考えられます。

不可分の関係を示す象徴そして重要なこととして、私は「合意形成」があると思っており、合意形成をめぐって私たちの技術を考えて行けばかなりの収穫が得られるのではと考えております。

技術一般については、〝技術とは何か〟と大上段に構えれば、「科学哲学」という領域があるように、技術哲学と名付けて考えるような課題（例えば、村上陽一郎の同名の本（NHKブックス））です。それは、学者にまかせて、私たちは、現場で実行できる人間の術一般とおおらかに考えておくことにいたしましょう。ただ、私たちは現場での技術の行使にあたって、知らず知らずに結構、〝難しいこと〟をしているという自負は持っていてよいと思います。なお、現場と技術を深く考えるためには、中村雄二郎著『臨床の知とは何か』は参考になると思っています。その中の〝第Ⅱ章　経験と技術＝アート〟（同書四五〜七八頁）は大変勉強になりました（実は技術者に身近なはずのこの章が一番難物でした）。

自負すべき難しさの特徴の一つは、現場の仕事は、実行のため（目的のため）に〝決定や決断〟から逃れられない（先送りが出来ない）。しかもその決定・決断は自分のためではなく他者のための決定・決断であることです。農業土木の仕事は公共性が高いので、その他者は多数で、多くの場合〝公（おおやけ）〟であります。難しさそして自負すべきことは〝他者のため公のための決断を背負っている〟ことでしょう。

二つ目は〝現場で実行しようとする人間の術〟は実は、至極難解な科学の課題に深く結び付いていることが多々ある（有名な例では、内燃機関の設計と熱力学第二法則や製鉄技術と量子力学など）のだと心の隅で思っていることは大切だと思います。若き日の私のささやかな経験でも、感潮河川での流量測定の苦心惨澹も実は〝物理量と観測〟という基本問題に関連していたようで、色々考えさせてくれます。

2　現場で生まれる技術

現場経験の重要性について、現場の課題と現場で起こる発想を念頭に、二つ、入省直後（流砂の多い河川での取水の問題）と現場の課長のころ（急傾斜地での機械造成の問題）の経験を話してみます。これが本日のメインディッシュです。

愛知県下矢作川での頭首工の設計の例

一つ目の現場は、場所は愛知県下の矢作川第二農業水利事業所、時は昭和三〇年代後半、もう半世紀前のことです。後ほど話題にする〝貯水式の観音様〟の土地改良区、矢作川沿岸土地改良区連合の用水の現場です。

私はそこで、河川の地形測量と頭首工の基本設計を担当して、とても面白く技術者になってよかったと思ったり矛盾を感じたりした思い出話です。

ところで、なんだ、思い出話を聞かされるのかとお思いの方に、ＯＪＴや技術の継承にも関係があると思います昔語りの重要性についても触れたいのですが今は触れません（第二編Ⅰ章2「技術的経験談のすすめ」、参照）。

この現場のあった、矢作川流域は花崗岩質の山地が主体で、河川は流砂が多く河床にも厚く砂（平均粒径三ミリ）が堆積しておりました。したがって、頭首工設計の重要な課題に沈砂地の設計がありました。

流入土砂を確実に除去（沈殿と排砂）できる施設の設計です。この頭首工では、計画取水位（ＥＬ二七・〇〇メートル）と平均河床（ＥＬ二四・六〇メートル）の標高差が小さくて、①取水に伴う河床砂の流入防止と②沈砂地からの排砂が設計上の問題でした。ところが①平均粒径三ミリ細砂と②取水位と河床の標高差が小さくその上、河床が一面の細砂であるという問題点が、頭首工の設計に新しい方法を思いつかせたのです。

根源は与えられた現地の条件〝河床が細砂であるという特徴を生かしてみよう〟と思いつつい

たことでした。この細砂へのこだわりが若造だった私に頭首工の敷高決定と防砂のアイディアを生み出させたのです。

担当となった私は、当該河川の上流にある幾つもの発電所の既設の取水口の状況を調査し、本も読み、デザインが夢に出てくるほど考えました。現場状況が生んだ発想の話ですのでまず、到達した新発想の結論だけ話しますと、敷高は細砂の掃流に的を絞って計算して、EL二四・九〇メートルになりました。

防砂についての要点は次の三点でした。まず、最初に考えたことは計画最大取水量の発生日数を調べることでした。滞砂の問題を考えるなら、砂の溜る量（累積値）が問題なのだから時間要素を入れて考えるべきでしょう。そこで、設計流速を計画最大流量の場合だけでなく取水時の流速の時間的（日別、半旬別等）な分布を考慮して、流入砂量をチェックすれば総量は以外に少ないのではないか（最大取水量の日数比率が小さければ総滞砂量への寄与も小さい）と考えたのです。このチェックは、計画時の資料や計算結果の照合など結構困難なことでしたですが、この作業は一つの発想を生んでくれました。

流入流速とその変化率の低減へのこだわりです。与えられた条件下での流入流速低減方法を考えて、せっかく池敷の河床に沈降滞砂している砂を①出来るだけ動かさない（寝た子を起こさない）低流速で取水し、②出来るだけ緩やかに加速をし、土砂の流入そのものを防止する。

ここまで、的が絞れると、発想は割とすぐ浮かんできました。

①取水口に設置するゲートは常時全開として、取水量の調節は取水口から離れた地点（沈砂池を設ける場合にはその末端など）に越流型のゲート（起伏ゲート等）を設ける。これによって、取水口前面の河川と接続水路の一定区間（又は沈砂池）は、常時ほぼ満水の同一水面と見做せる状態になります。

②取水量の期別分布、沈砂池の能力、工事費を考慮しながら取水口の取入幅を出来るだけ大きくして流入流速の低下を図ると共に取水口の形状を流速の変化が少なくなるようにする（喩えていえば、取水口の形状を水路内の流速変化部分に設けるトランシジョンのように考える）。平面的には、頭首工では接続水路は九〇度近い急カーブで取り付ける場合が多くなりますが、計算は抜きで平面形の変化を出来るだけ滑らかかする線形としました（水深の浅い広幅水路の流速変化の緩和を考慮した水路設計の事例は見当りませんでした）。

これらにより、〝頭首工の湛水域そのものが沈砂池の効果を有するようなる〟と考えたのです。

③水路底を移動する少量の流入砂を排砂するためにボルテックスチューブを設置する（農業土木試験場出口利祐室長（当時）の提案）。

結局、沈砂池を設けるほどの流入砂は発生せず沈砂池の必要は認められないとの結論になり、沈砂池から排砂の問題は、問題にならなくなったのです。

技術的発想を少し深く考えてみる

ここで、技術を少し深く考えるということをしてみるために、『農土試技報B』七号（一九六六）四六頁の「(5) 防砂から見た取水条件」の記述をめぐって、少し付言しておきましょう。

原設計（矢作川第二農業水利事業実施設計書、一九六三）での発想を、技報では、「頭首工土砂吐水理設計の新理念」（一九六五）において、〝水路型の土砂吐設計〟と名付けていますが、原設計で土砂吐が水路型になったのは結果でありまして、原設計の基本では、土砂吐に相当する施設は、土砂吐機能に止まらず池敷き（湛水域）の沈砂池機能発揮と上手く折り合っていることが必要でした。そのため原設計では、取水口への接近流速の低減と土砂吐機能の発現を両立させるために、水路型土砂吐の側壁高を可能な限り低くし取水口への流入面（取水口へ接近する水流で構成される面を流入面と呼んでおきます）が大きくなるように設計していることに注目して下さい（別図原設計図）。取水位ＥＬ二七・〇〇メートル、上流側導流壁高ＥＬ二五・八七メートル、下流側導流壁高ＥＬ二五・七〇メートル、土砂吐敷高ＥＬ二四・九〇メートルとなっています。流入面を大胆に矩形と見做し概算すれば、水路型土砂吐の上流端での流入面積18m×1.785m＋側壁天端からの流入面積33m×1.13の見当となります。

土砂吐を急流水路として、しかも、水路の壁高（上流側導流壁の天端高）まで気を配って設計するという発想によって初めて、頭首工の湛水域の沈砂池としての機能の発現と急流水路の

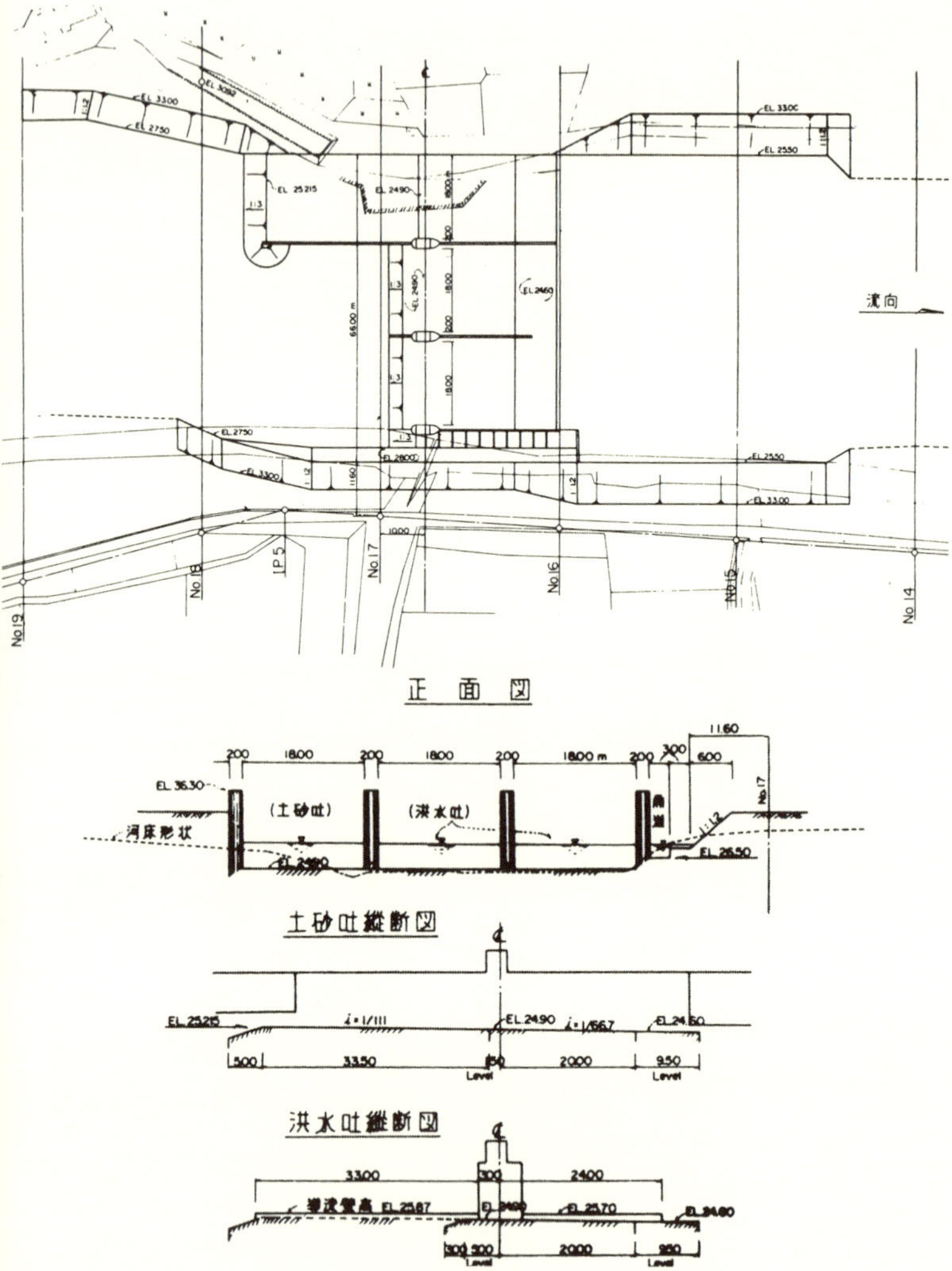

原設計図

機能による土砂の掃流機能の発現の両立が設計の対象となったのです。それが、導流壁高として表現されているのです。

技報では、「〇・三ミリ以上の有害粒子を吸引しないためには、約一・五メートルの湛水深が必要である」と言っている。また、「この河相においては土砂の流入量が比較的少ないと思われるが沈砂池は設けた方が安全である。もし湛水深を一・〇メートル増加すれば沈砂池は不要になる」とあります。原設計では湛水深は二・一メートルですから、一・五〜二・五メートルと言う範囲を考えれば、言外に沈砂池は不要と結論しているようにも思えます。

原設計での発想の原点は、現地の河床物質の特性（細砂であること）に着目して、①急流さえ作れば土砂は水路を砂が流れるように割りと簡単に掃流できる②湛水域に沈砂池の機能を持たせ、その巨大な容積を利用して細砂を沈砂させてしまう、の二点にあり、それが〝急流水路としての土砂吐〟の発想に繋がって、敷高を急流水路として計算で求めることを可能にしました。また、このような考え方を反映した導流壁高の数値も、細川頭首工の特性を表わす面白い数値で、その数値の陰には、若き技術者が経験したこのような物語があったのです。

個人的余談〜OJTをめぐって

個人的な話で恐縮ですが少し付きあって下さい。細川頭首工と私の不思議な縁の話を少しいたしましょう。細川頭首工との因縁話あれこれです。

まず一つ目、全国に数ある現場の中で大学での見学旅行の行き先が矢作川でした。そこで、矢作川本流の明治用水頭首工と支流巴川の羽布ダムの工事現場を見学しました。そもそもの出会いです。河床が砂ばかりの川は当時もかなり印象深く写真に撮っていました。その撮影地点近くで合流している巴川の最下流近くに細川頭首工の予定地点があったのです。将来の自分とのニアミス状態になっていたのです。二つ目、当時、農林省採用の新人は全国の事業所にばらまかれたのですが、なんと私が落ちた先は偶然、見学先の矢作川農業水利事業所でありました。事業の目的は農業用水の水源ダムの建設でした。着任後、ダム現場に配属されるまでのほんの少々の間に細川頭首工との縁が生まれました。頭首工予定地点の地質調査の手伝いを命ぜられ、ボーリング調査と電気探査で地質官の手伝いをいたしました。これが三つ目です。今から考えるとこの手伝いが、ヒョットすると決定的な縁だったのかもしれません。ケーブルを曳きまわしたり電極を設置したり、ボーリングのコアを並べて整理したりの手伝いの中で、技術者の卵の中に、頭首工地点の砂の状態が奥深くインプットされたのかとも思うのです。弁当を食べながら、また地質官や業者の講釈を拝聴しながら、砂ばかりの川をつくづく眺めたことは頭首工予定地点のイメージ化に資するところ大で、意識下の事でしょうが、発想の助けになっていたのだろうと思います。

この手伝いの後、私はダム工事の現場（羽布支所）に配属になって、頭首工とは縁は切れそれっきりになっていました。チョット頭首工から脱線しますが、ダム現場での経験で、ＯＪＴ

をめぐって今になって思い当たっていることがあります。それは、当時の上司（たぶん所長）への感謝の気持ちを込めてでありますが、次のような思い出です。

私の僅か一年七ヶ月（一九六〇年一一月〜一九六二年五月）のダム現場の期間に担当させられた（と当時は思い込んでいた）仕事は、コンクリート試験室に始まり、ダムコンクリート打設の監督、洪水吐副堰堤と静水池の岩盤検査、堰堤埋設計器（マイハーク社製歪計と間隙水圧計）の計測と解析、ボーリンググラウト、左岸付け替え道路の測量設計、羽布用水とその減圧施設の設計施工、洪水吐と副堰堤の照明施設、堰堤タラップ、歩道吊り橋、ダム管理計画のための流入曲線の作成、と今思い出すだけでもこれだけの仕事に従事いたしました。若い私は、「コロコロ仕事を変えやがって、適当に人を使う」と大いに不満でした。ですが、これを、OJTの視点で見たらどうでしょうか。上司から見たら、そう長くは居ないだろうこのダムの現場で、技術者の卵に如何に経験を積ませてやるかという計らい。右記の仕事の羅列は、そのことを念頭に置けば驚くばかりの教育カリキュラムに見えてきます。わが経験を振り返り、ここまでのOJTは出来ておりません。頭が下がります。そして、これだけは、上司の当初のカリキュラムには無かっただろうと思いますが、ダムの現場の支所から用水の現場の本所に降りて来た私を待っていたのは、支所に登る前に地質調査を手伝った頭首工の設計だったのでした。

四つ目の縁です。

話を細川頭首工の原設計での発想に戻します。砂また砂に驚いた巴川に設置する矢作川第二農業水利事業の用水路の起点を成す細川頭首工の原設計の発想の原点（思いつき）から始めます。課題に直面した若者が自発的に設計理念を得た原点のお話です。（解ってみれば当たり前の話ですが、農土試の技報を見れば、土砂吐を河床の現況標高に準じてではなく、急流水路として設計しようと考えたのは新しかったようです）。

原設計の考え方の誕生の物語

先ほど〝細砂に注目して発想を得た〟と言いましたが、それには、図らずも用意された素地があったように思えます。

原設計の検証と改良には水理実験が必要です。そのため、巴川の河川模型作成のために頭首工設置地点上下流の縦横断測量をします。私は、その作業に従事して、砂ばかりの河床を連日のように測りながら、こんなに動く不安定な河床の地形を測って意味があるのだろうか？との思いに駆られました。河床の縦横断図を書きながら、今書いているこの図はもう既に変わってしまっているかもしれないとの不安に駆られたのです。測量で毎日、上流から下流へ、あちらの岸からこちらの岸へと、川に接していると、その変化は相当なもので、〝絶えず動いている河床〟というイメージが頭の中に出来上がってしまっていたようでした。そして、そのイメージ脳（そんな言葉があるかどうか知りません、僕の造語でしょう～僕の中に別の脳がある感じなのです）が、こんなに簡単に動く、この砂ばかりの河床は、制御しうるに違いないと思わせたのです。

まず、最初に浮かんだ発想は、頭首工の湛水域の河床を縦横断両方向ともに可能な限り平坦にして、平水（ほぼ取水時）状態における砂の移動の可能性を減らす努力をする。そのためには、敷高を洪水吐より低くした土砂吐は設けず、同一敷高の等幅の数門のゲート（土砂吐、洪水吐の区別はない）を設置して、それぞれのゲートの操作を、河床の変動を見極めながら、行うということとしました。手で撫でる代わりに水流で撫でて、河床を平坦に維持しようと思ったのです。私にとって、巴川の河床はそんなに動き易いイメージなのでした。

そういう発想から、原設計では、特別な敷高の土砂吐はなく、敷高は全てEL二四・九〇メートル、全幅一八・〇〇メートルの三門のゲートを設置することになっています（原設計図参照）。その時の私の頭では、頭首工が堰上げの施設であるのは当然として、川幅一杯に広がる沈砂の施設としての頭首工のイメージが強かったと思います。

さて、三門のゲートを操作して滞砂をコントロールしようと考えているのですから、排砂能力はいずれのゲートも同じように持っている必要があります。それで、（未経験で頭首工設計の〝常識〟を欠いていたこともあって）、土砂吐設計のこだわりは余りなくて、「水路内の粒子は、〝どれだけの水深と流速〟があれば移動できるのか」と言ったごく当たり前の課題意識でした。

参考にした文献は「水理公式集」、「応用水理学（Ⅰ、Ⅱ、Ⅲ）」、（物部の）「水理学」だったと思います。その計算の結果が、ゲート敷高標高ＥＬ二四・九〇メートルで流下する急流水路になったのです。

さて、頭首工の湛水域が沈砂池となれば、残る最大の問題は、〝如何にして、河床の砂を動かさずに沈砂池から水路へ、水を移動させるか〟になります。これも、〝技術者の常識〟がなく、当たり前のことしか考えつかない者には、〝砂が動かないように水をそっと動かす〟ことしか思いつきません。ただ、それを実現する方法を考えただけなのでしたが、今思えば、現地の条件が思いつきを受け入れる範囲内にあったのは、幸いなことだったのです。

与えられた条件内で、流入面を出来るだけ大きくするには如何にするか。まず、接続水路の水面標高は、常に設計最大水位（ＥＬ二七・〇〇メートル）にする。そのためには、取水ゲートは常時開放とし、取水量の調節は、取水流速への影響のない地点の下流側水路に設けた越流型のゲートで行うことを思いつきました。単純と言えば単純ですが大ヒットだったと思っています。これで接続水路は沈砂池としての巴川と一体になります。

あと、解決すべき課題は、一体になった水利施設内の水の移動を、如何にして、可能な限り流速の変動を少なくし、スムーズに行うかです。湛水域内で流れが大きく変動する場所は、接続水路へ向かって流入面が収縮する部分、これは、前述したように接続水路の巴川との接続部分（要は取水口）の幅を可能な限り大きくすることで解決する。それともう一つ、湛水域から接続水路への移行部です。接続水路へ向かい水流に伴って生じる河床砂の移動の対策です。これは、流入面に障害物を置くことになりますが、河床砂の移動を止めるための仕切り壁（この壁は結果的には急流水路の導流壁を兼ねる）を設置します。設置に当たっては流れを妨げないよう出来るだけ低くする必要がありました。

また、取水口前面の河床（取水口前庭）は完全に排砂された舗装面である必要があります。それで一門目と二門目の境界に右記の防砂壁兼導流壁を設けてここまでをコンクリート舗装の前庭としました。そして前庭上に残ってしまった砂のうち、接続水路へ移行した砂は水路底に設けるボルテックスチューブ（前出）で除去すると考えました。このように考えた結果、沈砂池の設置は全く考えておりませんでした。

以上事例として現場技術者の経験談を述べましたが、このような経験談こそが、現地で現象を見ながら設計に従事している現場の技術者であるが故に語れる技術をめぐる解説の例であると考えているのです。多くの経験談の生まれることを期待したいし、こんなことを頭に描きながら、研究成果等を読まれると身に着くことも多いのではと思います。

この例の場合は、技報の引用文献にある矢作川第二農業水利事業実施設計書（一九六三）と農土試技報「緩流河川における頭首工の敷高決定に関する実験的研究」（一九六六）、そして農土試場報「頭首工土砂吐水理設計の新理念」（一九六五）の相互の関係を楽しみながら私の経験と〝技術〟の誕生を振り返っているのです。

砂質河床の川での頭首工の設計で、砂の移動に着目して問題解決の発想を得た小さな経験をお話しいたしました。（若者には問題を押し付け困らせよ！の教育効果の例だと思われませんか。）

この考えに基づいた原設計は水利実験では以上に一部紹介しましたように良好な結果を得ました。が、本省の審査で却下され採用されず、この頭首工には沈砂池が設けられております（安全に配慮したのでしょう）。なお、複数のゲートを操作することで、河床面をコントロールするという発想は有効ではなかったようで細川頭首工にはアイディアの痕跡すら残っておりません。

熊本県下阿蘇山地での急傾斜地簡易造成工法開発の例

阿蘇山地というところ

二つ目の現場は、九州中央の火山性の山地です。阿蘇山（中央火口丘）と大カルデラ、そして外輪山に広がるまるで西部劇の舞台のような原野景観は一大観光地で皆さんもよくご存じの通りです。そこは、〝歴史的に大型家畜飼養の技術風土を有する地〟とされて、大分県下の同様の特性を有する地域と合わせて阿蘇久住飯田高原と呼ばれておりました。この山間地域（三二ヶ町村、四〇万ヘクタール）の振興と大規模な畜産基地の建設を目的に調査が行われました。設立予定の農用地開発公団による大規模な草地開発事業の調査での工法開発の経験例です。

阿蘇久住飯田高原の原野は殆どが入会地であった歴史を持っており、開発予定地、特に阿蘇地域の殆どは当時も入会権のある原野でした。原野を村で共同利用してきた地域ですので、草地造成もその利用もその原野に入会権を持っている村毎ということになります。そこで村の入会原野を活かして村人の満足する草地造成をするとなると、どうしても全体の六五％に及ぶ一五度以上の傾斜地を如何にして造成するかが避け得ない課題となってまいります。急傾斜地で、一定の規格を満たした草地を計画的に大規模に造成する工法が求められておりました。

野草の原野をめぐって

当時、既存の急傾斜地の草地造成技術は蹄工法と言われる家畜を使った営農技術に近いもので、牛馬が蹄で踏み荒らして生じた播種床に種子を播いて草地を造成する工法（？）でした。牛馬が地面を歩きまわり、それで、牛馬の生きる糧が得られる土地が作り出されるという関係を頭に浮かべてみると（何か永久機関の生物ヴァージョンのようにも思え）、僕にとってそれは工法として効率が極端に低く計画に取り入れるにはかなりクリティカルなものに思えました。草食動物に頼らない工法の開発が必要でした。その関係の究極が機械でありましょう。急傾斜地に適用できる機械工法の開発が急務でした。求められることは①急傾斜地（一五度以上）を②機械で③一定の水準で④草地を造成することです。

与えられた現場の条件は、予定地の植生が野草であることでした。今、振り返ってみると、植生が野草であったということは、ここの開発にとって象徴的で意味深いものでした。少し本論からずれ気味ですが、植物と農業土木技術の関係を考えさせる経験談になりますので続けさせて下さい。調査地域一帯の元々の植生（原植生）は、この辺りの立地では、草地ではなく森林であります。杉や檜の人工林（全国的にも有名な林業の村々が多くありました）、クヌギやナラといった落葉広葉樹林、高所にはブナ林が形成されているところでありました。ところが、そのような山地が今は大原野景観で有名なのです。実際に仕事をしようとなると甚だ気になるし興味深いことでした。それで、大学の植物学の先生方（九州大学細川隆英教授、長崎大学伊藤修三教授）に植生調査をお願いいたしました。実は、私の植生への関心には前段がありました。北陸農政局の技術課の頃、農用地開発事業（坂井北部総合農用地開発事業）の調査の際に、開発に植物の〝働き〟を生かせないかと考えて、沼田真編著『応用植物学体系』を読んだことがあったのです。大部の本で植物の見方が変わった程の影響を受けた本でしたが、手にした切っ掛けは幼稚なことでした。坂井北部地区は、水の乏しい台地の開拓と地区内の既存の水田の用水補給と圃場整備を主目的にする事業でしたが、台地上の既存の田畑には水不足もあってか、「芝」が大々的に栽培され各地に出荷されておりました。私は芝畑を目にしながら、手元にこんなに沢山ある芝を工事に活かす方法がないのだろうかと思い、(誰でも直ぐ思いつきそうな)浸食の防止、法面保護そして耕作道の舗装（草生道路）を考えました。が、これでは未だ思い付きに過ぎません。それで理論的な裏付けが欲しくなっていました。そんな時、見つけたのが「応用植物学体系」という本でした。やっと思い出すことに成功して笑ってしまいましたが、〝植物〟を工事に〝応用〟したいと思って本屋の棚を見ていたら、背表紙に〝応用〟〝植物〟と記された分厚い本があったのです。出会いはそんな他愛ないことでしたが、この本は農業土木（という植物と縁の深い工学）の技術者に植物を見る目を与えてくれました。その本で、〝原植生〟という概念、人為と植生の関係、そして、最も具体的には、イタリア北部（だったと記憶の中にある）に見られる「植物と人間の協働で出来た段々畑」を知りました。成長につれて節毎に発根する禾本科植物が流亡土壌を堆積して自然にテラスが成長するというのです。それまでの頭首工や水路の設計で固まっていた頭には衝撃的でした。さっそく、全体実施設計での検討事項として、草生道路と共に〝自然発生テラス〟として工法を入れることにしました。

さて、こんなことが脳の奥底に潜んでいる私、謂わば、〝大地や水〟、〝人〟、〝動植物〟、三者の相関図みたいなことを想像しやすい私から見ると、阿蘇の野草地は、大地に人為（農作業から土地改良まで）が加わり植物が育つという関係が長い時間の中でもたらした景観（状態）と見えたのでしょう。この地域の野草地では、冒頭述べたように牛馬の飼養（放牧・採草）が長年行われております。①早春の火入れ（それは野焼きの風景として観光行事化さえしています）、②野草の芽生え（その中にはススキ等の大型の野草の前にいち早く咲いて一年を終えるエヒメアヤメ等〝春の妖精〟といわれる野の花たちの営みもあります）、③牛馬の放牧、④晩秋の採草が、来る年も来る年も村人によって行われてまいりました。文字にすると、これだけのことですが、三者の関係に注目すると、人と大地の関係では、人から大地への働き掛けはありません。土地改良の行為はゼロといえましょう。人と植物の関係では、人から植物への火入れと刈り取り（刈干切り歌の世界です）と、人が放った動物を介した植物の採食という働き掛けがあります。大地と植物の関係は、大地から植物への肥効成分の供給と居場所の提供があります。野草地の場合は火入れで野草地への樹木（この地の原植生）の侵入が防止されています（このように人の妨害によって成立する植生を〝妨害植生〟と私は名付けました）。人が関わりを持つ植物から大地への有機質の供給といった関係は焼畑に見られる関係ですが、ここには初歩的な耕起（掘り棒の使用等）すらありません。阿蘇の広大な野草地の景観は、人が唯、生き物（植物と動物）への関わりを持つことのみによって成立している〝人間の生存基盤〟であることを示していると言えましょう。このように整理すると、蹄耕法は、〝人と生き物の関係が大地へ与える影響〟のみを使った、人が大地へ働き掛ける行為ということになります。道具を使わない土地改良といえ、土地改良の生まれる直前（準土地改良段階とでも言いたい）の状態と言えます。（道具や化石エネルギーが関係に入ってこない）この関係の下でも、至極プリミティブな土地改良（開墾）は進むでしょう。しかしこれでは、広大な原野が一定水準の開墾された状態に達するには、膨大な時間、そしてその時間内を貫く人（多世代集団）の意志が統一・維持され得ること、更にはその間の人の生存が確保されていることが必須条件となりましょう。

一方では、蹄工法があるということは〝牛馬が蹄で野草地を荒らすこと〟で牧草を播種する土地を造成出来ることを示しております。人と生物と大地の関係だけに整理してしまえば、大地への人の働き掛けの面では、「人が生物（牛馬）を介して〝野草地を荒らすこと〟で播種床を造成する」という変換過程を、計画ではより効率の良い牛馬以外の方法で置き換えれば良いということになります。

以上述べたことは振り返っての後講釈で、その当時このような整理は頭にはなかったと思いますが、膨大な野草地を目にしている誰にも、蹄工法では計画は作れない機械造成以外にはないことは（理屈抜きで）明瞭だったのです。

簡易造成工法の発想

野草地の土壌は大部分〝黒ボク〟と呼ばれる未固結軟質な火山堆積物（比重二・五、含水比七九・四％、貫入試験値一平方センチあたり約八キロ、耐浸食性が低く、含水比に極めて敏感）でした。因みに、阿蘇地方では、火山灰のことを〝ヨナ〟と言いますが、そのヨナが降り積もって出来た土壌が黒ボク・赤ボクといわれる土です。

発想の根本は、①この黒ボクの特性（未固結軟質）を生かすことと、②海（干拓地整備）の重機を山（草地造成）に持ってくる、の二点が基本でした。具体的には①干拓地で活躍していた湿地用のブルドーザ（土壌改良用に九トン、耕起用に一六トン）を傾斜地用に転用して、その特性（低重心で低接地圧、転倒しにくさ）を活かす②〝播種床造成〟程度の耕起を行い、③耐浸食性を高めるために下繁性の草種（レッドトップ）を混播することとして、〝急傾斜地の黒ボク層を乱すことなく牧草地造成の一連の工程を実施する〟ということでした。

基準上での発想は、耕起（基準上は耕起深二五センチだった）を規定せず、〝播種床の造成〟を規定したことです。耕起作業は播種床造成を目的に行われ、結果的に五〜一〇センチ程度の耕起深になっていると位置づけたのです。

この〝播種床造成〟という発想が認められ公団事業で実施されたことは、今振り返ると、農業土木（土地改良）技術を考える時、重要な意味を持っていたように思えます。それは、播種床造成は〝ものづくり〟というより〝働きづくり〟に近い行為であることです。それは、〝ものづくり〟の境界を越えて、「働き、機能づくり」が認められたと考えられます。

「〝働き（機能）〟に着目して見たり考えたりする」と言うことは、見方を変えることでしょう。〝物〟ばかりに捉われずに、少し離れて、物の働き、物と物との関係、物と周囲の関係等を考慮して、謂わば、少しばかり視野を広くした見方をしてみるのです。これは、何も新しいことではなく、私たちの技術的な経験にある「鳥瞰図」を作成して地域全体を考えることや、航空写真の利用等枚挙にいとまがないでしょう。視点が作る階層構造という考え方をすれば、より高次の視点によって得られる知見があり、その一つに「〝働き（機能）〟が見えてくること」があるのではないでしょうか。

今の私が整理して見ると、簡易造成工法は、見方を〝物づくり〟から〝働きの実現（発現）〟に移して考えて生まれた工法だったのだと思えます。造成は簡易であらざるを得なかったのです。この工法は不耕起工法と呼びたくなりますが、そうした名は〝耕起が有るか無いか〟といった、耕起に囚われた考え方です。それは頭脳が、既存の定義や制度から自由になっていない状態です。少し考えれば、非常識には二つの状態があって、一つは無知によって生じる非常識な状態（入省当時の私の状態）、もう一つは既存の状態（普通の意味の常識や既存の定義）に囚われない状態（〝非〟常識、自由である状態）です。播種が可能になるという〝働き（機能）〟に着目して開発された工法は耕起には囚われていませんでした。それで〝不耕起〟とは言わないのです。名前を探すと、牛が蹄でなんとなく土を掻き乱すように、〝チョコチョコッ〟と機械が土を掻き乱してまわるような工法なのだから、〝簡易〟なのかなというわけなのです。

この簡易機械造成の経験は小さなものですが、物づくりと言われてきた農業土木を、ここで振り返ったように〝働き（機能）〟に注視して捉えなおし、その技術や制度設計を考えることは、大切なことではないかと考えるのです。施設の管理・運営の対策という機能を対象にした事業が不可欠になっている今、農業土木技術の対象を「機能づくり」へと展開するのは、このような具体的な事柄を集積して得られる考え方等を検討する事によって展開力を得るのではと思えるのです。〝働き（機能）〟と〝農業土木技術〟というテーマについては改めて述べる必要のある話題だと思います。

経験談の例示の終わりに、造成の具体的な記述は旧聞に属する事で役に立たないかとも思いましたが、過去の一つの出来事として今回補足しておきます。要点を報告書「阿蘇久住飯田地域広域農業総合開発基本調査報告書第3部工事計画調査結果要約集その2」（一九七四）からの抜粋を転記します。

「造成工法としては、デスキング耕法を採用し、通常行っている造成の工程としては、一般的に耕起後砕土、土壌改良剤散布、更に土壌改良剤攪拌を兼ねた砕土を実施しているが、本調査では、調査対象そのものが急傾斜で、通常デスキング耕法用として使用するP. H（プラウイングハロー）でも可能であるが、使用するトラクター及び作業機械共に重量級で、耕起深そのものも一五～二〇センチとなり、特に急傾斜で軽しょうな火山灰土であるため、降雨による土砂流出が考えられること、計画のB工法（人力による火入直播）に代わる機械施工を対象とするため、作業能力、経費等においても有利性を持ち比較的容易な耕起に適用するO. H（オフセットハロー）を使用し、又、土壌流亡、ガリ等発生を防止する意味からも粗耕法的造成工を考え、通常行う砕土の工程を除き耕起深は播種床（五センチ）造成に止める事とした。したがって耕起前に土壌改良剤を散布し、かく拌および播種床造成を兼ねた方法を採用し一回掛けとした。なお、けん引機種等は一工程同一機種で施工することを前提とし、使用する造成用機械および地形傾斜、土質等より九トン湿地ブルドーザーを使用した。」

このような発想の塊みたいな工法でしたので、現地での試験施工と結果の評価は必須でした。それで、地域内の試験地（阿蘇郡高森町市野尾、面積一・一三ヘクタール〜傾斜二〇度以上が七〇％の土地）で試験施工を行い工法の確認を行いました。試験施工は、工法開発でも大いに活躍した農地開発機械公団が担当し、試験地の約九〇％（一・〇六ヘクタール）を草地に造成し工法を実証し、その後設立された農用地開発公団で実施されました。簡易造成実施後の成果評価は公団が実施いたしております。

このようにして、雨が降れば牛馬の蹄でドロドロになるような高浸食性の急傾斜地を機械で造成する課題は①干拓地用の湿地ブルを山で使う②黒ボクの特性を逆手に取る③耕起深を規定しない、という、常識外れの積み重ねで突破されました（「阿蘇久住飯田地域における簡易造成工法について（その1）」『水と土』五一号、一九八三及び農用地開発公団の実績調査参照）。

3　生存基盤について

こうした農業土木の技術経験の中で、土地改良の行われる現場の面白さ重要性が身に沁み、地域や村と人々への関心と責任感を意識するようになっておりました折に、農林水産省本省で土地改良事業の河川協議を担当することとなって、農業水利を勉強する羽目になりました。以来、農業水利（灌漑）と土地改良の理解を求める日々が始まったのであります。振り返ればこの頃が土地改良と灌漑に惚れこみ、生存基盤としての土地改良を自覚して行く旅路の始まり（起点）だったのでしょう。

農業土木で〝生存基盤〟なる言葉が人の目に触れるようになったのは、土地改良建設協会が二十周年記念に作成出版した「大地への刻印」（農業土木歴史研究会、一九八七年）の副題〝この島国は如何にして我々の生存基盤となったか〟からだろうと私は思っております。この『大地への刻印』も、本日のテーマを考える格好のものだと存じます。

この〝生存基盤〟という言葉は安易に解説できませんし、解説してはならないのでしょう。我々が経験の中で深め、私たち農業土木技術者で時間をかけて作り上げ、生存基盤としての農業土木が外部から見えるのを期待するような事柄です。〝われわれ日本人にとって生存基盤とは何か〃。その答えは人から授かるものではなく、私たち農業土木技術者が我々の経験と熟考を基にして、主体的に築きあげるものだと思えてなりません。なお、傍点部分については、I章「「知」の共同体と自発的知の創造」が参照になると思います。

第三編

汝《な》は何故《なにゆえ》に斯《か》くも美しきか、何故に水の姿を纏《まと》いしか

Ⅰ　水と十一面観音〜発句編〜

何故、斯くも美しきか。
戦国の鬨《とき》の声を伝えて久しい姉川を越えて、
北国街道が北の国へと越へ行く山並みが迫る。
その地の一隅に、
その十一面観音は佇む。
湖北、高時川の田園のほとりの、辿り来し道も村中となって、
一筋の用水に沿うようになったあたりの
木立の向こうに、
寺の観音堂はある。

一の唄

傍らの宝物館。
ガランとした、しかし何ものの侵入をも拒もうとするコンクリートに囲まれたお部屋の中
に
その観音さまは御《おわ》される。
すっくとではなくて、スラリとしてではなくて、たおやかでもなくて、もちろんズッシリ
とではなく、
そこに在るべきものとして、その地に顕現《あらわれ》しものとして
立っておられる。
その顕現、大地よりの現出、その豊饒、あらゆるものを抱かんとする、その力、
お姿の背に至れば、かの名高き暴虐の面。
そしてそして、豊饒の臀部《しり》から御足《おみあし》へと流れる裳裾の襞が、
水の流れを、嗚呼《あ〜》、水の様を、表現《あらわ》していることへの、気づき、そして驚き
汝は何故に水の姿を纏いしぞ、
汝は何故に斯くも美しきか。

二の唄

村々にある水、田園地帯に流れ来たり、流れゆく水、
ひと呼んで、農業用水、かんがい用水、養水。
そのような村々の、田の、田園の水をめぐっての歳月、
俄にはあらざる月日のもたらす想いは、
今、この観音を、その田園をめぐる。
その想いは、考えしことども、書き記しことども、語りしことどもとなって、観音像を結
節点となして、表現《あらわ》れんとするか。俄の恋にあらざれば。

水と十一面観音

このような、想いに至っていたころ、私は白洲正子の『十一面観音巡礼』を偶然手にすることになって、そこに観音様と水との関わりが見事に述べられていることを知りました。まず、このあたりから書き始めてみます。

私の最初の土地改良の現場は、東海地方の矢作川農業水利事業だった。ダムの完成した年の秋、貯水式が行われ、そこの土地改良区（矢作川土地改良区連合）では、観音様の立像を記念の品にしていました（『村の肖像』第二章の「野のマリアと貯水式の観音様」五七～六三頁参照）。

貯水の記念の品が観音様であること。そのことに、土地改良区の方々の心の奥に、そしてたぶん私たち日本人の心の深層に秘められた水への思いに、少しでも近づければと、最近になってやっと思いを巡らせるようになってきていました。

吉野に桜を訪ねて、桜に彫られた蔵王権現を祀る吉野の始まりが、水分《みくまり》神社であったことを知りました。多くの水利事業とダム建設が為された吉野川の源流の山々に水の神が祀られ、それが桜花に彩られた吉野になって今日に至っていることに、人と水のつながりの奥深さが垣間見られるような気がいたしました。そんな時に、土地改良とはおよそ無縁の方と思っていました白洲正子の著作の底流には、観音様（十一面観音）と水と大地、そして山との深いつながりが脈々と流れているのに偶然気づき、著書『かくれ里』や『十一面観音巡礼』、『近江山河抄』等に目を通したことがありました。未消化の段階で恥ずかしい気も致しますが、生きるための水と土地を整え続けてきていることの意味を考えていくインパクトの一つになればと思い、このような考えの存在だけでもここで紹介して、前置きにしておきたいと思うのです。

『十一面観音巡礼』（講談社文芸文庫、二〇〇七年一月一〇日第二二刷発行）の要点は第一編Ⅱ章にありますが、白洲は、冒頭の〝聖林寺から観音寺へ〟の中で、聖林寺の十一面観音が、元は三輪神社の神宮寺に地蔵菩薩（現在は別れて《裂かれて？》法隆寺の宝蔵院にある—筆者注）と合祀されていたことにふれていて（九頁）、〝木津川にそって〟の中では、ある逸話にふれ「十一面観音と地蔵菩薩が、いわば夫婦の間柄にあり……。ひいては五穀豊穣、天下泰平の祈りを叶えるものとして、広く一般に行き渡って行った」（七八頁）と書いています。

このように、十一面観音と対ともされている地蔵菩薩について、平凡社世界大百科には「地蔵の意味は，大地（クシティ ksiti）の子宮（ガルバ garbha）であり，大地はたとえ裸でもさまざまのものを生み出す力を秘めているように，地蔵はいま菩薩であっても仏としての豊かな可能性を秘めていることを象徴している」（定方晟）とあります。

このような見解を見た上で改めて、日本の村に目を向けると、水、土地、生命を生むものへの祈りの対象であり続けたであろう村の社への理解もより深められるのではないかと思うのです（『村の肖像』第二章〝村の名残の社にて〟参照）。

それでは、この根元的な水と大地と生きることの中で、生存基盤造りの行為、土地改良は、どこにその場所を得ているのでありましょうか。

私の独断ですが、それは「大地から成り上がった巨大な存在「山々」、天空より下り、山々を下り来る「水」、大地から湧出するが如く無数に生まれる「生命体」。それらの巨大な存在に共通する普遍的なこと、それは大地から生ずるということです。この「生ずるものたち」に降り注がれているものそれが雨水、水です。水はいったん大地へ下り、山から下れば、荒ぶる洪水となって生き物を襲い山さえ砕きます。まさに荒神です。しかし山から下り来る水、河水は常には生き物を育み慈しむ恵みの水であります。生命を支える循環の担い手である水は、大地（地球規模の水たまり海の底も含めて）が在って初めて、循環する水流の姿を現すのでありましょう。

この水の姿と性質こそが、日本人の水の捉え方とそれにつながる自然観・世界観であって、これこそが、十一面観音に託されているものではないのでしょうか。晩春の湖北で訪れた観音堂の十一面観音像（渡岸寺観音堂）背面の、裳裾の美しい襞は、流紋そのものを写したように見えました。このような大地から湧出することへの畏敬と祈りは一方では、祈りの対象としての巨樹、そして立木観音、一木造りの観音像を生み、今も全国で見かける五重の塔や多宝塔のある風景として日本人の深層にあるのだろうかと思えてならないのです。

この大地から成り上がり湧出するものたちの狭間にあって、大地と水を相手にそれらの関係を取り持つ「境界面（〝水土の知〟からの用語）」を整えようとする行為があり、それに携わってきた人々、土地改良区といわれる農民の集団そして村々の人々、身近な生命体の継続を祈りながらその生存基盤を整えている人々がいる。そのように私の目には写ります。

若き日に農業水利事業の現場で頂戴した観音の立像は、そのような人々の思いの込められたものだったと今更ながら思っています。

II　水のある風景

1　水のある風景

それでは、十一面観音に託されたとまで思わざるを得なくなっている「水」は、この国、そしてそこに生き続けてきた国の民にとって、どのような姿で現れているのか。水の表現《あらわ》す風景を心に描いてみましょう。

ここ半世紀の間に、気が付いてみれば、都市的環境に住む人々の身近な環境、肌身で受け取り、日々の生業の中で耳目にすることどもから、水は急速に遠のいている。生活様式の変化と人々を深く包み込む情報環境を考えれば、それは田園風景の中に住む農村地域の人々にとっても、感じられていることに違いない。

しかし、少しばかり心と身体を解き放ち、テレビの映像から、ＰＣや携帯の情報から我が身を自由にしてみれば、例えば、ふと旅にでも出てみれば、我が国の至る所に、水のある風景はある。

何時がよかろうか。水の風景となれば、そのベストシーズンは、言うまでもなく、我が国では田植えの頃であろう。「田植えって何月だっけ」、あるいはそうかもしれない。でも、そのフレーズが脳裏に浮かんだときから、心はすでに、水のある風景、私たちの心象風景への旅をもう始めている。

田植えの頃、新幹線に乗って暫くすればその車窓から、ハイキングで郊外の小高い丘に登れば新緑の陰から、遠く近く一面に春の水を湛えた水田の風景を目にすることができる。

岐阜県から日本海に向かって流れ下った庄川は富山県下で広大な扇状地を形づくります。農村景観の代表の一つ、礪波平野の散居村はこの扇状地形の上に誕生しました。田植えそして早苗が薫風にゆれている頃、この平野はとりわけ美しくなります。平野の北端の丘に登れば、足下を流れる庄川の傍から、遠く加賀との国境の稜線、古戦場倶利伽藍峠へと道の続く、低くたおやかな山並みの裾まで、礪波平野は田の水面でおおいつくされます。その湖面を思わせる水の風景の中に、散居の家々の屋敷林が浮かび、遠くの稜線へと傾く太陽に煌めく水面がありま す。そしてやがて、平野の村々は夕映えに染められ、今日の一日は静かに暮れてゆきます。

九州北部の地図に目を凝らすと、その東部、かつて豊の国と言われた辺りには、山国川、駅館川《やっかんがわ》、大分川、大野川等々の諸河川が見え、瀬戸内海へと流れ下っています。流域のほとんどが山地であることにも気づきます。一寸、驚くほどです。わが国は平野が少なく山がちの国であるとは、言い慣らわされたことですが、地図を見てつくづく本当にその通りだと思います。そこに見られる地形は、阿蘇山に代表される諸火山の活動（噴火そして火山灰と溶結凝灰岩等の堆積）と水の浸食という自然の力で形成された、余り高くはない山々と、複雑に屈折した深い谷々で出来上がっています。山々の山襞や谷の奥深い村から登った杉林の蔭には幾多の磨崖仏、歴史を偲ばせる地名（善光寺、法鏡寺、円座、四日市、定別当等）も多くみられます。その磨崖仏を訪ねたり、村への道をたどったりしていると、小さな村の道に見事な石橋があったり、道沿いの田が、山裾へと連なる棚田が、見事な石垣で支えられている光景があったりします。村を開き、田を成した人々が手塩に掛けた石垣、その石垣に支えられた幾枚かの田の連なり。朝日に煌く水面の向こうには、明るい朝の光を受けた農家が見えます。秋の収穫の舞台であったであろう広い庭と農家の広縁が燦々とひかりを受けている。それらの光景は、見る者の胸に知らず知らず安堵感に似た感情さえもたらします。

「安堵感」、全国各地で目にするこのような春の風景に通底するものには、何よりもこの安堵感と言った心情があるように思われますし、その安堵感の奥深くに、水面に映し返された光が働いているようにも私には思えます。

観音の姿に憧れ、そこまで思わせた「水の姿」を書いてみようと、ここまで来て、「安堵感がある」と書いてしまって、私は、はたと考え込んでしまっている。考えてみれば、村々で行われてきた水利と私どもが観音様から受け取るものの間には、具体的に描こうとすれば、その繋がりには悠久とも言いたい隔たり、いわば、関数の関数の関数、《$f(g(h(i(j)\cdots)))$》みたいな多重な関係があって、どだい無理なのだとの畏れも抱く。しかしそれでも、目にしてきた農村の風景は、やはり水面に映る影と照り映える光の心象と分かち難い気はする。出来ることは、このような風景を目にし、その根底にあるものを感じながら、見えて来ないものは何か、観音像の美しさに見惚れながら、私に村をこのような目で見るようにしてしまったに違いない水利をめぐって、もう一度考えてみて、「見えて来ないものは何か」を意識しながら、水利の多重な関係の奥深くにあるものの断片を書き連ねることになのであろうか。そんな思案をしている私の手元に、一冊の本が届きました。まことに突然ですが、その本を少しばかり紹介して先に進ませて頂きたいと思うのです。

2　十一面観音の里

実は、第一話を発句編として始めたのは、これに続く二番目の句（連歌では脇句といわれるそうですが）を密かに期待する気持がありました。正直に言いますと、十一面観音の里を良く知る方、関係の深い方にその地の水の姿を書いていただければと期待があったのですが、それが冊子情報の形で今現れたのです。「湖北の祈りと農」と題されたこの冊子には、まさに冒頭の十一面観音の里の、観音様と里と水利の具体像が描かれているのです。この冊子の内容は、話題の展開にとても必要と思いますので、少しだけ紹介させていただきます。

興味のある方は、発刊元（新湖北農業水利事業所 tel 0749-85-6310）に問い合わせて下されぱと思います。

『湖北の祈りと農』は、序「十一面観音の里」に始まり、第八章「湖北の祈りと農」で終わり、以下のような構成になっております。

第一章「理想的平野」――古代豪族、気候の変動、渡来人の開発、たたら製鉄。

第二章「水田開発の矛盾」――飛びぬけていた近江の水田開発、水田開発の矛盾、たたら製鉄と天井川、瀬切れ、平野北部は湿田、古代豪族の置き土産。

第三章「己高山仏教文化と浅井三代が遺したもの」――己高山仏教文化、荘園制の波及、武士政権の誕生、戦乱の舞台、浅井久政の業績。

第四章「餅の井落しの実際」――餅の井の由来、壮絶な水争い、餅の井落しの実際の紹介（見開きで）。

第五章「水との闘い」――せせらぎ長者、中野の清介、農民の工夫・底樋、湖北版「青の洞門」、そして、近代へ。

第六章「歴史的矛盾の解決」――高時川合同井堰の誕生、幻の湖北総合開発計画、世紀の大事業・国営湖北土地改良事業。

第七章「次世代社会への礎」――健全な農の継承、水路の様々な役割、国営新湖北土地改良事業の概要、次世代社会への礎。

第八章「湖北の祈りと農」


さて、是非お読みいただきたい内容の中から、水利の基本の一つに光を当ててみましょう。

それは、古い古い合理性の欠ける因習とさえされてきた「慣行」に関する部分です。

「近江は祈りの国である」ではじまる序は、本書の関係者のこの里と農への万感の思いがこめられているかのように『湖北に生きる農人の顔には独特の味わいがある。歴史の重さに耐えながらひしひしと住み暮してきた歳月の古び、諸相への愛しみとでも言おうか。ともかくも、この土地の特異な信仰を生んだ風土を「農」という視点から探りながら、「十一面観音の里」

という詩的風景に願わくば「農」の彩りを添えてみたい』(二頁)と述べて終えられている。

そのような冊子の第三章で、浅井三代の中で領内の民政に熱心だった二代の「浅井久政の業績」で、水利慣行について興味深いことが述べられている。「とりわけこの頃から常態化していた水争いについて多くの裁定を行なっている」。各地での水利をめぐる争い、紛争、水論などで「彼は当事者の言い分を聞き、古田(上流)優先の慣習を遵守する旨を指示している」(八頁)としている。

(注) 古田(上流)はママ。

久政は、「古田優先」を基本に裁定を行ったが、この古田優先の考え方は、我が国の歴史を振り返れば、この地に止まらず、地域的にも時代的にも広く普遍性を持つものであった。

この古田優先が永く規範でありえたのは何故か。古くから取水していたと云うだけで、生存の懸かった水利調整の最終局面で規範性を持ちえたのは何故か。過去幾度も重ねられた旱魃時のお互いの譲歩・工夫・努力・争い等々、想像も及ばぬ多様で大量な情報と人間の行為の渦巻く中で規範性を発揮しえた必然性は何に基づいていたか。

慣行の底に根を下ろし、人々の秩序を究極の局面で支える合理性の典型として「古田優先」を紹介しよう。

3　用水秩序を支えてきた古田優先

さて、古田優先は、言葉のどおり、古くから水を取水している用水が優先されることである。古いという時を表わす言葉が示すように、くどい言い方であるが、関係する用水には厳然とした時間的順序が存在する。そして、人間にとってより深刻なこの慣行の生ずる源泉には、自然現象としての河川流量の変動性、人間の予期し難い流量の変動性がある。

古田優先は、流量の変動性が発生の元と考えて、まず、古田優先の発生しない仮想のモデルを考えてみます。発生源の一つ「流量の変動」が無い河川を想定してみます。変動しない流量（恒常流量Q_bとしておきます）のみが何時も変わることなく流れている河川、まるで観音様のお慈悲で流量の減少分が何時でも補われているような、理想の河川を仮定します。この理想の河川では、取水する用水の総計がQ_bに達するまでは、各々の用水は必ず取水できます。しかし、Q_bを少しでも超えると、ここで仮定した理想の河川には一滴の水もありませんから、いかなる年にも取水できる可能性はなく、Q_bを超えて新たな用水が生まれる可能性はありません。従って、理想の河川では、取水の開始時期の古い新しいによる優劣はなく、どの用水も平等です。まとめに、昔にはなくて今は当たり前になっている確率という言葉を使って、式のような形で表現してみますと、用水 i の取水量を q_i、i 用水の取水できる確率を p_i とすれば、$\sum_{i=1}^{n} q_i \leq Q_b$ の場合は、$p_1 = p_2 = \cdots\cdots = p_n = 1$ で、Q_b を超えて $n+1$ の用水の取水を試みても、q_{n+1} の取水の確率 $p_{n+1} = 0$ であることは述べるまでもありません。

さて、現実の自然河川では、毎年流量の変化があります。年々の流量に変動のある河川では、ある確率で起こる流量の多さを期待して、ある確率で水不足が起こることを覚悟の上であれば、その危険を孕んだ用水の取水が開始されます。強いて厳しい表現をとれば、「ある確率で発生する流況の良い年では、後発の用水にも取水の可能性が生まれる。しかし取水開始は可能ではあるが、より後発の用水ほど水不足の発生する確率はより高くなる」のである。

この表現を念頭に、水田の稲作に生存を賭けてきた民の歴史に思いを馳せれば、幾代にもわたる水田開発の可能性を秘める広大な土地を抱えた流量変動の大きな河川には、取水確率の異なる膨大な用水が存在する風景が見えてきます。人々のたゆまぬ努力で築き上げられてきた広大な水田地帯であればあるほど、その底には大きな水不足の恐怖を孕んでいます。その地の人々が、その恐怖と現実を凌いで今日あるからこそ、一枚一枚の田に水が引かれ平野全体があたかも一枚の鏡のようになった夕映えの光の情景が、今、私たちの眼前に繰り広げられて、感動をもたらし、美しいとの言葉を発することさえ、ためらわせるのだと思うのです。

自然河川の場合のまとめを、また、式のような形で表現してみます。

今回は、流量が変動しますので、年々の変動幅の下限値をQ_{min}、上限値をQ_{max}、その取水によりQ_{min}に達する用水を開発順位C_b番目の用水、その取水によりQ_{max}に達する用水を開発順位C_t番目の用水としますと、

$\sum_{i=1}^{n} q_i \leq Q_{min}$の場合は、理想の河川と同じで、$p_1 = p_2 = \cdots\cdots p_n = 1$です。

$\sum_{i=1}^{n} q_i < Q_{max}$となりますと、用水の開発数$n$が$C_b$までは、全用水とも$p = 1$ですが、$C_b < n \leq C_t$では、$p_{C_b} > p_{C_{b+1}} > \cdots\cdots > p_{C_t}$の順に取水できる確率は低下し、$n > C_t$では、$p_n = 0$になります。

このことは、河川の流量が減少して、総取水量を下回ったとき、どの用水から取水を停止していくべきかを明確に示しています。それは、より後発の用水からの停止であり、先発の用水の取水が優先される「古田優先」ということになります。

多くの要因の絡み合いに歴史的経過も加わって、俄かには解き難い複雑さを持つ用水の調整に当たって、民生に心を砕いた浅井久政が古田優先で裁定を下したことも肯けるのです。

久政治世の時代においても、水利調整の複雑さの底にあって、人間の営為に係る要因が全て一定（式のような表現をすれば、人間の営為に係る変数を全て常数）であるとしても、人間が如何ともし難い要素である、降水の変動性、自然河川（ダム放流の影響のない河川）の流量の変動性がなお残り、それに基づく（順位付けの）裁定は関係者一同にとって納得せざるを得ないものであって、それが用水の秩序の拠り所であったと考えられるのです。

III　上流優先と境界

1　古田優先と情報交流

II章では、『湖北の祈りと農』を引用し、浅井久政について、各地での水利をめぐる争いや水論の処分に際して、「彼は当事者の言い分を聞き、古田（上流）優先の慣習を遵守する旨を指示している。」（八頁）ことを紹介いたしました。

この引用文中括弧内に示されている「上流」の言葉は、「古田」と共に水利を考えていくに当たって重要な言葉であります。

水のある風景に潜む普遍的とも言いたくなる人間の考え方について、今回は「古田優先」の慣行に続いて「上流優先」をめぐる私の考え方を、『水利報』創刊号掲載論文（『素朴な用水論』

四三頁以下に収録）をもとに述べてみます。

水利をめぐる慣行の根源を成すものは、前回述べた「古田優先」と考えていますが、考えてみると、「古田優先」はその根本に自然現象の変動性が働いているものではあっても、人間の主体的判断と合意（納得）の上で成立して出来上がった「人が作った秩序」と言えます。

したがって、古田優先が行われるには、水利を行う複数の集団（水利集団）が存在することと、それらの水利集団間の意思疎通（情報交流）が可能であることが前提になります。そして水利集団間の情報交流の行われる範囲が、古田優先に基づく秩序が形作られてくる場所となります。

古田優先の慣行においては、水利集団の相互関係は、河川からの取水開始の時期によって規定されている。言えば個々の水利集団は「時間」に沿って（依って？）関係づけられているとも言えるのでしょう。

2　水利の空間イメージ

上流優先を考え始め、「場所」と言う言葉を使いましたので、ここで水利実現の場所のイメージ、「空間」のイメージを頭に浮かべてみます。

そこには、流域と呼ばれる広大な空間があって、分水嶺の山々の広がり、支流から本流へと流れ下る河川、平野の広がり、そしてその外縁に海があります。

流域の広大な山地の無数の渓流、それらが集まりやがて多くの支流が形成され、流れ下って本流へと集まる大きな流れとなります。これらの多くの流れの過程は、水とその流れの「集中」の過程と見ることが出来ましょう。ここでは取りあえず、水が地形と重力の働きで集まる現象を、「集まること」に注目して集中という言葉を使い、そう呼んでおきます。

そこには、広大な空間の中で生じている多重な集中の過程、表層の細流から渓流において、渓流から支流において、幾度となく合流する支流においてと数次にわたる集中、そして本流への最後の集中に至る、と言ったイメージを持つことが出来ます。そして、この過程全体は、空間の地形と重力の働きに支配されているとイメージすることが出来ます。それは、流域への降水が、地形と重力という自然条件に基づいて河川の流れに変換された状態（集中した状態）と考えてよいでしょう。

先ほど〝無数の渓流〟と書いていて、こんなことを思い出しました。半世紀も前のことです。机上の書類を見ていると、岐阜県の木曽川の上流流域界近くの小さな支流の名が「無数河川」と記載されており、「いくら無名の川の、取り敢えずの仮の名でも、〝ムスウ〟はないでしょう」と言いましたら、「仮の名ではありません、ムズゴウガワと読むのです」と諭され、恥ずかしい思いをいたしました。「無数河」と名付けた人の集団がそれまでにどのような道を歩んでいたのか、話を聞いてみたいものだと今更ながらつくづく思うのです。閑話休題。

この集中のお陰で、流域の広い範囲に降り注がれた降水は、河川の流れと言う人の扱いやすい状態になって人々の眼前に現れています。この集中した流れの何処かに取水地点を決め、河川からの分水（流れの分割）が行われ、人々は水の恵みを受け取れるようになります。この「地点の決定」と「分水」が人の行為で、ここにおいて、流域の水の流れに人が登場し、その人の集団が、水利の集団（水利団体）と言うことになります。

河川からの流れの分割（一回目の分割）で生じた流れは、今度は地形と人工の水路と分水工によって多重の分割が重ねられ人間の大地に展開され、水で関係づけられた一定の空間が形成されて行くことになります。この過程は、空間に流れの広がりが「展開していく」ことに着目して、取りあえず「展開」と呼んでおきました。この過程でも集中過程と同じく、地形と重力の影響が元になりますが、この過程の大きな特徴は人為が加わり、その影響の程度が様々であることです。

河川には人の行為で実現した流れの分割（取水、河川からの分水）が、点々と現れていて、それらの各点を始点とする水利集団（「水の展開過程」を内包している）は、河川での古田優先の慣行で結ばれた上位集団（個々の集団から構成されている集団）を形成しています（一定の秩序の元にあります）。

水利の面での空間（水利の行われる場所）をこのようにイメージしておいて、話を元に戻して進めましょう。

3　境界の形成と上流優位

右で述べた上位集団は、古田優先の慣行で結ばれて成立すると考えますので、古田優先の慣行が働くか否か、もっと根本的にはそのための情報の交流が存在するか否かが、上位集団の範囲を決定することになると考えられます。それで、その条件は、水利の面に限れば、古田優先の慣行の及ぶ限り、即ち最低でも上位集団とその外部との情報交流がある事と言うことができます。

そして、このように考えると、水利集団間の情報交流の途切れるところの連続が境界となって、それぞれの水利集団を包含した上位の水利集団が形成されると言えます。

このため、このようにして成立する上位水利集団と外部との間では、当然、情報の交流はなく、人間の意思に基づく行為はなされませんから、相互の関係は自然条件によってのみ成立してきます。ただし相互関係に影響を与える何らかの条件（作用）がある場合は勿論自然条件のみではなくてその影響も加わって形成されることになります。

水利では、地形と重力（水は高きより低きに流れる）が大きな自然条件で、当然上流で、水を使用する者が優位となってしまいます。これが上流優先と言われる考え方になります。上流優先より上流優位と言ったほうが、よりふさわしいかもしれません。

水利慣行（古田優先、上流優先）についてのこう言った考え方の始まりは、今は昔（四半世紀ほど前）、水田の水利用の意味を建設省等、水利に関係する方々の理解（そのためには勿論自分自身をも含めて）を得るために色々考えている中で得たものです。ちなみに初出は、一九七九年度の農業土木学会中央研修会テキストと『水利報』創刊号（一九八二年）です。『水利の風土性と近代化』（東大出版会、一九九二年）、『素朴な用水論』（公共事業通信社、一九九三年）にも紹介しております。

以上のように、情報交流の行われなくなるところが境界となって、上位集団は一つの集合として成立しますが、ここで、当該河川に、他の上位集団がある場合を考えると、その上位集団との関係は自然条件のみ、言うまでもなく、地形と重力によって決まることとなって、それは上流優位の関係であります。

このような集合の範囲の成立条件を式の形でまとめてみますと、次のようになるでしょう。

$R \geq \sum_{i=1}^{n} L_{Qi}$

ここにR：集合間に働く抵抗力

L_{Q_i}：上位集団が古田優先を行おうとする行動力

Q_i：iなる上位集団

L_Qは水利集団（水利団体）のおかれている、自然条件、経済条件、社会条件等の関数であるが、より直接的には、渇水の程度の関数であって、渇水がひどくなれば、増加していく性質を持っていると考えられます。抵抗力Rは、主として水利集団をとりまく外部経済や政治力などの外力（Pとします）、及び地形や地質さらに直接的には河川の状況（Gとします）の関数と考えます。

右の式を次式の形に書き換えると、上流優位、古田優先、外力の関係はもっと分かりやすくなります。

$$R-\sum L_{Q_i}=P+G-\sum L_{Q_i}=I$$

Iは上流優位、古田優先、外力の強さによる上位集団間の隔離（絶縁）の程度を表わす性格を持っており上位集団の成立と独立性、及び各上位集団を含む水利秩序の構成の程度を示すものと考えられます。とりあえず、「隔離度指数：指数I」と呼んでおきます。例えば、人も通えぬほど距離が離れていたり、地形が急峻であったり、人の行動を妨げる外力（国際河川での国境の存在はその顕著な例なのではと想像するのですが）があったり、集団に行動力を発揮できない内因が潜んでいたり、等いろいろ考えられますが、長い時間の中で、一定の隔離度の状態に至るのでありましょう。

ここまで頭を巡らせて、流域の風景を振り返れば、その広い平野の広がりの上に展開されていく多くの用水路と次々に成立し相互関係を築いて来た多くの人の集まりと、それらの長い形成過程の投影が目に浮かんでくるようなのです。

最後に、このように考えた上で、「湖北の祈りと農」の浅井久政の裁定について述べられている〝古田（上流）優先〟と言う表現について触れておきます。右記の式から見ると、この表現は、何か一見矛盾するかに見えますが、実際は多分、そこにこそ、この地域の面白い実態が見られるのではないかと興味が湧くところなのです。例えば、上流から徐々に開田が進み、上流の用水ほど古田である場合や、古くからある下流の用水が古田優先を行う行動力を発揮できない状態に置かれている場合等が頭に浮かぶのですが。脇句が現れないかな〜。

Ⅳ　水の行方

1　人間登場以前の水の行方

これから、河川から取水された水の行方を追って行くことになりますが、その前に、人為の現れる前の水の行方について考えてみます。それが、水の循環における人の行動の基盤と人の関わりの意味をより明らかにするのにも役立つと思うからです。

さて、大局的（最大のマクロ）な見方、地球規模の水の循環では、教科書でお馴染みの図の如く、地表に降り立った雨は、河川を下り海に出て海面から蒸発し大気圏に戻ります。マクロの程度をずっと下げて集中過程の部分に的を絞ると、水が渓流へと流れ込んでいる森の中で、木々からの蒸発散で大気圏へと戻る水も見えることでしょう。（地下を経由する水の場合はここでは考えないことにし地上の水に限りましょう。）

さらにマクロの程度を下げると、一本のブナの木が見えてきて、ブナの樹幹流が頭に浮んできます。ブナの樹幹流といわれるもの、それは、一帯に降り注ぐ雨滴の一部がブナの葉に受け止められて、葉の形と重力の作用で、葉の表面を葉柄の方向へと流れ下り、小枝から大枝そして幹へと集まって、幹に沿って流れ下っている雨滴の集団だと考えられ、人がそれを樹幹流と名付けたものでしょう。

ところで、この樹幹流になるのは、ブナの木の周囲に降り注ぐ雨滴群のうち、葉に受け止められた雨滴です。雨滴群の雨滴の数の増加（降雨強度の増加）と共に、重力の作用で枝や葉から森の地表へと直接落下する雨滴が増加し樹幹流になる割合は低下してゆくだろうと考えられます。一本の樹木をめぐることとは言いながら、水利を頭に描くと印象的なことです。それに周囲には、葉に触ることもなく直接地表へ落下する雨滴ももちろんあるでしょう。

樹幹流の水は幹周りの土中に広がって土中に一時貯留されることになります。幹から伸びている大根、小根、毛根の表面と根の周囲の状態が、水が土中へ広がってゆく、その広がり方に関係していることには留意がいるのでしょう。土中に広がった樹幹流の水と地表から移動してきた水は、一時（0時間の場合もあるでしょうが）そこに貯留され、毛根からブナに取り込まれ、小根、大根、そして幹の中を上昇して行き、幹から大枝、小枝、葉柄へと広がって、さらに一枚の葉の中に広がる葉脈で、葉全体に広がり、気孔から大気へと放たれ、気流によって大気の大循環に加わることになるのでしょう。

この過程で、この木と外部の関係で、三つのことに注意をはらっておきたいと思います。一つは樹幹流になる過程で、この木の流れの過程から外れる雨滴があることと、その雨滴は葉に捉えられなかった雨滴と共に地表に落ちて、この木の樹冠の下の地下に広がる毛根の周囲に達するものがあることです。次に、樹幹流の水の一部には、大根、小根、毛根の周囲で、この木の水の流れの過程から外れるものがあることです。三つ目は、根と周囲の土の関係です。土が過程に加わることによって、この水の流れの過程に貯留機能が加わることです。もちろん、樹木の生理的機能にも貯留機能があるでしょうが、樹木の利用している土の貯留能力はそれに比してはるかに大きなものだと思われます。

水利からのアナロジーの強い見方ですが、一本のブナをめぐってそのような循環を考えてみることができます。

さて、このように、水の循環についてマクロの程度をずっと下げてみて、水の行方を考えて行くと、河川での流れや、取水後の流れについても、マクロの程度を下げて考えてみたくなります。

2　河川での流れ

まず、先回述べた水の集中過程について、水の流れへの、地形と位置のエネルギーの影響について、マクロの程度を下げた見方が出来る場合を考えてみましょう。

水の流れは、取水された後は、広がる（広げる）ために分かれる（分水する）ことが主になりますが、それまでの水の流れは集まること（集中）が主です。

まず、集まることをマクロの程度を下げて考えてみます。

マクロ、ミクロのスケールを問わず、ブナの葉から渓谷まで、水が集まる基本には、凹形の形状が連続している単位体（凹形単位体と表記、もっとも単純化して平面の組み合わせにした場合は逆三角形の樋形：以下、幅×深さ×長さを持つこのようなブロックを〝三角チャンネル〟とも表記する）が必要です。突き詰めて考えれば、水の流れはどの部分をとっても、この凹形単位体（単純モデルは三角チャンネル）の規則だった集合体として表されると考えられましょう。

ところで、この凹形をどのように形としてモデル化するかは、河川に適用するとすれば興味深いことでありましょう。三角か、ハーフパイプのような半円か、矩形か、台形か、河川の現実の形、取り扱う変数の数など、専門家が話題にすれば、面白い知見があることでありましょう。ここでは、現実を離れて考えていますので、一番単純な二平面の組み合わせの三角チャンネルといたします。

ところで、ここに至って（そしてこれからも）、記述が無用と思えるまでに抽象に陥っていますが、それは、考えるための手段でして、抽象的・客観的に考え（モデル的に述べ）たほうが、話の本質が見えやすくなるだろうと考えてのことで、物理や数学の話でもないのに申し訳ないことだと思っております。お許しください。さて、話を続けます。

ここで、面白そうなことを考えつきました。それは、三角チャンネルのような〝平坦な向斜斜面〟に一滴の水滴が落下した場合です。その場合、斜面上で水滴が向かう方向は、もちろん〝位置のエネルギー減少最大の方向〟が確率的に圧倒的に高いでしょうし、また異なる方向に向かった水滴も時を経ずして早晩、その方向へと向かうことになるでしょう。また、水滴が膨大な数に達して水流として認められるまでになれば、百パーセント「位置のエネルギー減少最大の方向に向かう」ことはだれもが認めることとです。したがって、当たり前のことですが、集中していく規則の第一は、「位置のエネルギーの減少する方向に向かう」です。持って回った言い方をしましたが、要は「下流方向」です。（こんなに持って回って考えたのは、頭の隅に、これに摩擦の影響が加われば、観音の裳裾の波形との繋がりが出てくるのでは、との囁きがあるからです。)

第一の規則で「流下の規則」を考えたとすれば、第二の規則は、私は今、流れの集中を考えているのですから、それは、当然「合流の規則」を考えることになります。河川を頭に描き、それを抽象的なモデルにしてみると、支流の本流への合流は、支流の凹形単位体の集合が一段(一階層)上の本流の単位体の中に統合されている、と考えることが出来るでしょう。本流は、このようにして数次に亘る凹形単位体の構成体が入れ子のように重なった多層体で構成されているとみるのも面白いのではないでしょうか。(このような専門外の者の考察ではなく、河川形成過程の研究で、同じような発想の学術的な成果があるのだろうと思っています。脇句を期待しているのです。)

3　水の流れの方向

しかし、ここでまた考えてみます。「位置のエネルギー減少最大の方向」と書いたことで、凹形単位体の軸方向の傾斜が小さくて重力の影響の程度が極度に小さくなった場合は水流の向きは何によって決まる(決められる)のかという面白い問いが生まれてきます。低平湿地のような地形が極めて平坦になったような場合です。そこには、集中過程と展開過程の境界、位置のエネルギーの変化しない地点乃至状態に至っている場合を考えてみることができます。海洋、そして、かなりなマクロの目で眺めた場合の沖積平野が頭に浮かびます。先走りますがこのことは、灌漑の形成過程における低平湿地の重要さに関連することになってまいります。

流れの方向の決め難い場合をもう一つ思いつきました。地形で〝背斜〟といわれる状態の場所です（山の例では尾根、河川では流域界）。ここでは、雨滴の落下する位置のほんの僅かな違いが流下の方向に決定的な差をもたらします。位置の僅かな違いは何によって決まる（決められる）のか。

またこのような考え方は、循環過程の中でも、位置のエネルギーの変化に関して、一定の部分がクローズな（他と隔離されている）状態になっている場合にも適用できるでしょう。

流れの集中を生む凹形単位体の境界は凹と凹が隣接しているのですから、当然、この〝背斜〟の状態です。この考え方を河川に当てはめると、最上位の階層の凹形単位体の背斜状態の場所が流域界となります。

位置のエネルギーの、最大と最小の近傍に流れの方向が決まりがたい場所があると考えられるのはとても興味深いことです。

さて、水の循環過程のうち、地上での集中の基盤（容器、入れもの）を、以上のように考えてみたうえで、次に進めましょう。

まず一つは①地形の変化が著しく減少した場合、水の流れを考えたとき、地形が位置のエネルギーの変化に与える影響が著しく小さくなった場合についてです。

もう一つは②海面や巨大（水の流入による水位変動を無視できる程の大きさ）な湖面等の場合についてです。

①の場合を三角チャンネルにモデル化した凹形単位体では逆三角形の頂角が増大した状態で、最大は一八〇度（平面）になって流れの方向は不定となります。②の場合は、ここで位置のエネルギーの変動は「0」となり、流れはとまることになる。すなわち「止まる、トドマル（溜まる）」ことになります。

マクロにみた場合、これに近い条件の現実の場所の代表が、沖積地、デルタ平野の中の低平地（低平湿地）でしょう。マクロの程度を下げていけば、方向が定まらず他方向に発生する流れの変化（河道の変動）の累積を示す乱流の痕に残された自然堤防の間の（もう其処では流路を形成するほどの位置のエネルギーの変化を持っていない）水面や平坦面が目に浮かびます。

マクロにみた場合の現実の場所に扇状地の例も考えられます。扇状地の扇頂の地点は、三角チャンネルの頂角が、不連続に近い程に急変する場所です。ここで、流れの方向変化が集中的に発生し、扇状地の頂点となります。

4　取水後の流れ

　このように考えてきて、重要なことは、人間の関与のない、自然の場合において、位置のエネルギーの減少が「0」に近い場所では、流れの広がり、「展開過程」の発生をみることが出来ることです。

　ここに、人間が水の流れに初めて関与する〝河川からの取水〟行為の原点を見るような気がいたしております。

　河川からの取水を、①流れ込み方式と②堰上げ方式の二つで考えてみますと、前節3の①は前者②は後者で、前者では取水した河川からの広がりをしばし自然の水の流れが形成した流路を利用し、その流路からの再度の取水（分水）において、後者の展開過程が始まることになります。後者では、取水地点から直ぐに人の関与、すなわち人工物を使っての展開過程が始まります。前者の場合、自然の流路への人の関与の程度によって、自然の河川から人工物の水路の利用に近い状態まで様々な場合があると考えられます。

　また、一方、低平湿地の水面、平坦面での水の移動に頭をめぐらせれば、そこには、灌漑形成の原点を見ることになりますが、このことは、別途（Ⅷ章）述べることにいたします。

さて、河川からの取水では、水の流れは一端、堰き止められて、水位の変動がないようにして、新たな向きをあたえられることになります。現象としては、堰き止めによって、河川に、人の関与による位置のエネルギーの変動「0」の場所が現れたことになります。この変動「0」の位置のエネルギーが、取水位とされているものになります。

5　水の行方の終点

人工物を使っての水の展開過程の終点、即ち、水田の用水として取水された水の行方の終点は一枚一枚の水田の水面です。水田の灌漑システムの目的が、水田への用水供給ですから当然です。水の流れの行方はむろん、水田の先もありますが、それは排水とされますので、用水の終点は水田です。

なお、田越し灌漑で上の田の排水が下の田の用水であるように、よりマクロな規模でも排水が用水となる場合は多く（反復利用と呼ばれる）、水利では一般的です。

ここでは、人の行う灌漑の現象を〝最も小さいスケールの基本過程で、ひとまず考えてみる〟とでもいった考え方をして、ひとまず、水田を終点として、その先の流れ（排水）はないとして考えてみることが有効だと思います。

水は最後に、水田の水面からの蒸発とイネの蒸発散作用で大気へと帰っていき、もとの状態へ復することとなります。

人間の関与する人工物での水の流れの過程（展開過程）に限定せずに、地上に降り立った水の流れ（河川）というマクロの過程でも、終点が地球規模の水面（海洋）であることは、一枚の水田という地球規模からみれば極小規模の水面と地球規模の水面とが、地表面の水の流れの終点として、同様な働きをしていることは、農民の行ってきた水利を研究してきたものとしては感慨深いものがあります。また、農民が水に観音を思う心根の一端へも思いが及ぶのであります。

観音から立木観音、そして一本のブナの木へと連想が働き、ブナの葉からの蒸発散、イネの葉からの蒸発散を思い出しました。ブナの木の場合を考えると、地球規模の水の循環、人工物を基盤とした地表の部分的な規模の水の循環の他に、それは、植物規模（生物個体規模）の水の循環として完結している（土の貯留機能は関与していますが）ことに気がつきます。そして、このブナの木の過程では、終点（大気循環との接点）に水面が見えないという特徴もあります。

展開過程の始点終点は、これで、大まかにはわかりました。〝展開〟については次回から考えることにいたしましょう。

V　水の分岐をもたらすもの

1　水の流れの展開

川から水が取り入れられる（川での流水の分割、取水、川レベルの分水）場合において、人の働き（堰き上げと水位制御）で川での水の位置のエネルギーの変動が「0」となされることによって、流れの方向が（原理的には）未定となった水の流れは、人が流れの方向を与えることによって、その行き先が決まります。川の左右岸どちらか、あるいは川の流れの方向か、の三方向の何れかが決まります。

結論から先に述べれば、左右岸、即ち川以外の領域に向かうことになった水の流れは、水田灌漑の場合では、一枚一枚の水田に向かって、水の〝分割〟（分水）と〝移動〟（流下による運搬）を重ね、目的の水田に到達します。これでおしまいです。何ということはありません。

でも、水の流れの展開過程を考えていることを思い出せば、ひとこと言うべきことがあります。砺波平野の夕景を思い出してください。散居村の屋敷林の群れ群れを浮かべて、夕日に輝いている湖面のような水田の広がりの風景。その現出は、この単純至極な水の流れの分割と移動によってなされているのです。水の流れの広がりの出現は、水の分割と移動、分水と流下、少し感情移入してロマンティックになれば、水（水滴群）たちの別離と旅があって、初めて実現するのです。

その一方、その旅を実現する手段が、人工物（人の行為によって世に現れているものをこう呼んでおきます。人工物工学でいう人工物の概念によるものではありません）なるものであることに注目して考えることも必要です。既に述べましたことを引用しますと、

河川からの流れの分割（一回目の分割）で生じた流れは、今度は地形と人工の水路と分水工によって多重の分割が重ねられ人間の大地に展開され、水で関係づけられた一定の空間が形成されて行くことになります。この過程は、空間に流れの広がりが「展開していく」ことに着目して、取りあえず「展開」と呼んでおきました。この過程でも集中過程と同じく、地形と重力の影響が元になりますが、この過程の大きな特徴は人為が加わり、その影

響の程度が様々であることです。(Ⅱ章から)

したがって、先に述べた「何ということもないこと」が、実現されることの理解にはこのような人工物の成立メカニズムと現象を知ることが大切になります。

もう一つ、分割と移動に関して、特に分割に関して、考えておくべき、重要なことがあります。

それは、分割と移動の対象たる水が「予期し難い変動性」を有していることであります。このことは、Ⅱ章で古田優先の慣行の原理を述べた時にも触れたことでありますが、この「予期し難い変動性」が、水の流れの展開過程をダイナミックに駆動する原動力(の一つ、しかも必須の)であると考えているからです。

もう一つ、しかも最重要の原動力は、私は人間の「生存への欲望」、端的にいえば「死にたくない」という逃れることのできない切実な欲求(常時は人々の深層深くに潜んで表には現れていませんが)だと考えていますが、ここではこれまでにしておきましょう。因みに、このような考え方は、農業土木歴史研究会の手になる『大地への刻印』(公共事業出版社、一九八三年)の副題「この島国は如何にしてわれわれの生存基盤となったか」に〝生存〟という言葉があることにも現れております。

2　形成過程の二つの種類と階層

灌漑のための人工物を灌漑施設と灌漑組織として考えを進めますと、灌漑施設の代表である用水路は農村に出かけ用水路を見れば一目瞭然のように、現実の用水路は、大きな水路（幹線用水路）から一回目の分岐、二回目の分岐、……N回目の分岐、そして最後に水田の水口のある用水路（圃場用水路）への分岐と、分岐を重ね分かれて行っております。用水路群全体で展開しているこのような状態は、それぞれの部分を形成する範囲のなかで、普通何事もなく、一次支線、二次支線、……N次支線と表現されます。

集団としての用水路にこのような姿があることと、支線に「次」という言葉が使われていることから、集団としての用水路はなんだか〝階層構造〟をなしていると漠然と考えられがち（私だけでしょうか？）ですが、よく考えれば、そこには水の流れの〝分岐の繰り返し〟による展開はありますが、層の形成ないし層が生じたと見做せる〝境界〟らしきものは見つかりません（考えつきません）。それに全体と部分の層の関係に至ってはなかなか想像もつきかねます。多分、階層構造は持っていないのでしょうか。階層構造があるとは軽々しくは言えないのでしょう。

何故、ふと階層構造だと思ってしまったのでしょうか。私は、施設（〝物〟・ハードとしての人工物）の姿に、人の行為（〝こと〟・ソフトとしての人工物）の姿が無意識のうちに投影しているからそのように思えるのではないかと思えるのです。

用水路群の形成について、私はかねて（農業土木学会中央研修会、一九七九年度）から、取水点から下流方向へと順次、水の分岐が繰り返され用水（施設としては用水路）群が形成される過程（下行過程と呼んでいる）と、水田群から用水の必要性に基づいて用水の統合が繰り返され用水（施設としては用水路）群が形成されていく過程（上行過程と呼んでいる）。この過程の発生には人の行為が必要）の二種類の過程があると考えております。この二種の過程が重なり合うように関係しあって（したがって人為が加わって初めて）用水群に階層構造が生じるのではないかと想像を逞しくしております。追って述べますように、私は、水利の理解（そのための灌漑の形成過程の理解）には上行過程がより重要と考えています。それで、TV番組「用水路熱中人」（NHK・BS二〇〇八）でも、私は水田から歩き始め、用水の上流を目指して用水路を下流から上流へと訪ねて歩いたのでした。

この二つの過程の特徴を、もっともシンプルに整理してみると、左記のように考えることが出来ます。これから、水利を考えて行くのに役立つのではと思って考え方を整理してみたものです。

階層の形成過程の二つのタイプ

1　下行過程――分岐の次数増（繰り返しの回数増）の過程

2　上行過程――統合の次数増（繰り返しの回数増）の過程（統合の必要性の受け取り方と統合の行為は人間が要素になることに留意して考えること）

一方、今考えている〝展開過程〟は、水の流れで展開が生じる過程ですから、それは当然、下行過程であります。でも少々先走りますが前述しましたように、水の展開に人の意志（特に水の分配の調整や施設の改良）が関係する場合に展開過程に上行過程が重畳してくることになると考えております。

3　水の流れの分割（分岐と分水）

自然現象としての分割

これまでの考察に従えば、自然現象としての水の分割は、二つの場合が考えられます。一つは、位置のエネルギーが変動する場所において地形の影響で発生する場合、もう一つは、位置のエネルギー変動「０」の場所において、その場所を取り巻く地形（多分微細な）の影響によって新たに移動が開始されることによって発生する場合です。前者は、水の流れのエネルギー

（水量と位置のエネルギーの変動）が大きく、地形が形作った凹形単位体の制約を超えた場合です。目にする現象は、何のことはない、溢水・洪水による水の分割です。水の流れのエネルギーが凹形単位体の深さに比べて大きくて、単位体がその意味（効果）を失ってしまった場合と考えてもよいでしょう。後者は、凹形単位体の制約は極めて小さく、位置のエネルギーの変動も「0」の場所なので、地形の微小変化の影響で流れが発生する場合です（位置のエネルギーの変動が極めて少ないので水量の多寡は、初めはほぼ無視できるのも特徴）。目にする現象は低平湿地での澪筋の形成による水の分割が頭に浮かびます。

このように見てきますと、自然現象としての水の流れの分割は、なかなか起こりにくいことがわかります（〝起こりにくい〟というこの判断には既に、人の影響による分割が煩雑に生じることが既知であることによる先入観の影響を受けているが）。

人の行為としての分割（分水）

以上のように、水の流れの分割が、自然現象としては起こりにくいにもかかわらず、わが国では、全国各地に、砺波平野でイメージして頂いたような水の風景が広がっております。このことは水の風景を形作る主体が自然ではないことを暗示していて、言わずもがなと言えるほど当然のことですが、自然のみのメカニズムと現在する風景とのギャップを埋める人の働き、全国各地に水の流れの分割を実現している人の働きが広く存在していることを思わせます。

人の働きによる水の流れの分割は、「分水」という言葉に相当します。「分水」になっての新たな特徴は人の〝意志〟が加わっていることです。水の流れの展開に加わった新たな要素といえましょう。地形とエネルギーの変化に、意志と意志に基づく行為（まずは意思決定、そして調査・計画、調整・合意形成、工事、管理、……）が加わって、したがって必然的に人の集団の規模（とその階層構造）が関係するようになって、展開過程が進むと考えられることです。

自然現象としての分割との対比でシンプルに考えると、ある地点の分水で、まず必要な決定事項は、「分割の数」です。次いで「方向」です。まず、地点毎に、水の流れを幾つに分割するか決めなければ話は始まらないのですが、「分割の数」を決めようと考えてみたらそれには、二つの場合があることに気がつきます。それは、下行過程での決まり方と上行過程での決まり方です。このことについて、展開過程を考えるために限って、大雑把に考えてみます。

下行過程において考えなければならない大きなポイントは意思決定だと思います。展開のためには、まず分割の数を決めねばなりませんが、その決定をしようとすれば、意思決定に必要な情報がなければ人は身動きがとれません。純粋に展開ということだけに限っても、展開する範囲の情報、分割の数が決まるには、範囲に含まれる各部分に関する情報も必要ですし、部分が集まり全体としての性質を示すに至った水に関する情報があることも必須の前提になります。

次に、上行過程でのポイントを考えてみますと、次々と生まれる統合の相手の情報の必要性に気がつきますが、この場合、統合される集団同士の性質の根底には、その関係が、①共存（統合後にも双方が存在できているか）の関係であるか否か、②目的の近さの度合いはどの程度か等といった関係の在り様にかかわる根本的な情報が共有されていることが、まず何よりも必要なことと考えられます。

灌漑の場合では、その基本単位を集落（自然村）として考え始めます（注・基本単位にはまた人や基盤といったそれぞれの構成要素の単位要素からの形成過程があるのは無論のことです）と、最初の統合は各集落の用水同士からとなりますが、それらを統合に向かわせる動因（ポテンシャル）は、双方が生存を全うするための水源を欲している、則ち、共通の目的、願いを持っていて、しかも、その願いの実現が、それぞれの集落の蓄積している情報からは、己の集落のみでは実現できないとの判断が形成されていることがあるのでしょう。

4　共同の空間の成立

人の行為を継続させる動因について

ところで、ここで〝動因（ポテンシャル）〟という言葉を使いましたが、私は灌漑の形成を考えてきて、環境の変化と想像を絶するような困難の中で複雑精緻な日本の灌漑システムが数千年にわたって形成・継続されるポテンシャルは何なのかとの問いを持ち続けておりました。それが、今回の話題18で、観音様のお姿と灌漑のメカニズムの関係を考えようとしていて（その行為はヒョットするとまともな神経の人がすることではない狂人のなそうとする業か？と思わぬではありませんが）、〝今〟、そして〝やはり〟そのポテンシャルは一つの絶対者的存在の呼び声とでも言うべきものではないかと思い至っているのであります。

「やはり」と言いましたのは、三十年近くも前、『田園誕生の風景』（日本経済評論社、一九九〇）の序文で「『死にたくない、生きていたい』と身体中から湧き上がってくるであろう声、それは身体中の一つ一つの細胞の叫びの集まった何ものをも超えた、それこそ、その人にとっては地球の重さをも超えた絶対的な声なのではないでしょうか」と書いたからです。そして、「今」また次のように思い至っているのであります。

最近『宗教以前』（NHKブックス）、『日本密教』（同）、『仏像〜心とかたち』（同）を読んでいて、日本の宗教以前の信仰についての知識を得たり、特に、仏教が小乗仏教から大乗仏教へと変わる過程で一神教的特性を帯び信仰対象（神なるもの）や仏（釈迦）が〝絶対者的〟になるとの考えを知るようになってくると、日本における信仰では、そのような絶対者は、正義に照らして人を裁く存在ではなく、〝「生きよ」と言うもの〟とでも言うべき存在を考えたくなってくるのです。灌漑の継続性の根底にもこの生きよという声そしてその陰にその声掛けをする存在（絶対者的存在）を感じる人の存在があると思うのです。

私が長らく考え求めてきた〝灌漑形成のポテンシャル〟をこのような絶対者への（内なる）信仰と考えてみたいと思うのであります。大地から成り上がりたるものの象徴として受け止めたい立木そして立木仏は、この〝生きよと言うもの〟をその背後に見ることのできる姿（存在の深部に潜むものを現前させるもの）としてあるのだと考えてみたいのです。

灌漑の上行過程は、このような〝生きよという声〟に満ちた空間の存在があるからこそ継続的に機能しているのではないでしょうか。まったく私事の経験ですが、かつて新潟平野在住の折の春のある朝、田の中に在って、大気に小さな小さな命の音が満ち満ちていると感じてしまったことがありました。今にして思えば私にとっての原体験の一つとでも言えるものです。その経験が源になって、新聞の寄稿文（新潟日報夕刊連載コラム〝晴雨計〟）を「蒲原の春は大気にも羽音がある。うららとかすむ沃野は生命が満ちわたり」と書き出したことがありました（〝良寛を慕う心〟「蒲原にて」新潟日報事業社、一九八三所収、本書第四編I章）。この折、〝五大に皆響きあり〟が私の心の奥で呼応していたかどうかは判然といたしておりません。

〝生きよというもの〟に動機づけられて（ポテンシャルをもらって）存在する空間（例えば蒲原の大地）を〝地〟にして、成り上がるもの達が〝像〟として立ち現れる。その像が、例えば、立ち木であり、稲であり、灌漑であり、集落とその組織、等々といったものと考えてしまっているのです。そして、その象徴（記号）こそが、立木観音とされるものや多宝塔等の仏塔、そして貯水式の観音像ではないかと思うのです。

生存に向かっての共同の空間と流水

生きようとする共通の目的、したがって共倒れの許されない関係のもとでの共同は、〝生きよというもの〟に動機付けられた人たちの願いの集まりでもあり、その願いの大きな集まりは大きな事業を生み、大きな願いの集まりが大きな困難への対応を可能にしてきたのでありましょう。

水田の灌漑では、このようにしてもたらされた分岐を重ねて移動した水の終点は言うまでもなく稲の植えられている水田です。それは畦で仕切られた小さな部分空間ですが、れっきとしたエネルギー変動「0」の空間です。マクロのスケールの水の循環では、エネルギーと地形の変動の極めて少ないのは低平湿地、極めつけは海面でありましょう。

水田に流れ込み流水であることを止めた水は、地上での最終の行程、水面と葉面からの蒸発を終え大気循環に身を任せることとなります。これはミクロですが、規模を広げてマクロに見ても、地球上での水の循環は、田面、低平湿地、平野、山地、海面と全地球規模で生じている

〝蒸発散作用〟があってはじめて完結します。蒸発散が太陽のエネルギーを受けての水の気化であることを考え、気化で生じている水の状態を「水の分岐」という見方でみると、それは、水が太陽のエネルギーを得て〝究極の分岐〟の状態に至っていると見ることが出来て大変面白く思うのです。そして、ここで初めて地球に降り立った水が太陽のエネルギーによって、重力エネルギーのもとでの〝水の流れ〟から解放されていることを見ることが出来るのです。

最後に、「汝は何故に斯くも美しきか、何故に水の姿を纏いしか」への答えについてその一部を先走るならば、十一面観音の裳裾に表わされた波紋の美しさは、ダムの洪水吐から浅い水深で水が流下するときに見られる〝エネルギーの変化〟と〝地形（に相当する形）〟と〝水そのものの性質（粒子相互の関係で生じる粘性）〟三者の物理的作用の結果がドラマチックに表わされた姿であったのだと考えると、仏像と水の繋が見えてくるのではと思っていることを述べてこの話題を終わります。

VI　閑話休題〝生命の特徴と登山の特徴〟

今回は、いよいよ、このような共存の空間が形成される過程を〝地形〟と〝エネルギー変化〟の影響の少ない低平湿地での例で書く予定でしたが、その前にチョット書いてみたい話題が出てきました。灌漑形成のポテンシャルとして考えた〝生きよというもの〟の存在に関して、です。

話はいきなり登山のことに飛んでしまって、今回は、私自身の書く脇句的なものになってしまいますが、お許しください。

ウェブに「今、山へ（その二）」という登山関係のサイトがあります。

その中の〝山の雑記帳〟を開いて、〝講演「夫婦で踏破58日」に教えられたこと〟を読んでいますと、登山の特性の受け止め方に興味深い考え方があったのです。

先回、私は〝生存に向かっての共同の空間〟とその成立に関して〝生きよというもの〟謂わば〝生へのドライビングパワーとも言うべきポテンシャル〟について触れました。また、その後読み直している渡辺慧氏の『生命と自由』（岩波新書、一九八〇）には、〝生命〟や〝ものごと〟の成立の根本に関して興味深いことが書かれていました。この二つの文章の底には何か共通のものがある。登山の特性と生命の特性には何か通底しているものがあるのではないかと感じたのでした。

サイトの山の雑記帳では、講演でのエピソードから、登山の特性（ないし登山が成立する根本的要素）として、鍛練、気持ちの持続、人柄が生む山なかまを取り上げ、「これら三つ、すなわち体力・技術、気力、山なかま[1]は、山行に欠くことができないものである。蛇足になるが山行の技術は、目指す山行に合ったものであれば良く、またその基本は荷を担って歩くことである」との記述が目にとまりました。①体力・技術力②気力③山なかまの三つをあげ、①の体力・技術については「目指す山に合ったもの」と述べ、価値の追求と明確に結合一体化して捉えています。これを目にして、これは根底で渡辺が『生命と自由』に書いている生命の特性に通暁するものがあるのではないか。これを少し考えて提供するのは無駄ではあるまいと興味が湧いたのであります。登山の目的に〝価値〟という概念が有効かどうか私にはわかりませんが、とりあえず目的追求と価値追求は同じようなものだと考えておきます。

『生命と自由』で著者は、生命の特性を①非決定性②価値追求性③実行能力④脱物質性（変化を通じての自己同一性）に纏められております。

このうち字面を見ただけでも、生命での③実行能力が登山での〝体力・技術〟に通じ、生命での②価値追求性が、登山での〝気力〟の生む目的を目指す気持ちの持続と〝目指す山行にあった体力・技術〟に通じることはすぐ見てとれます。

でも、この二つの文書が私の頭で同じものと感じられたのは、もっと直観的全体的な感じで、もっと広い（大げさに言えばもっと普遍的な）感じなのでした。何故か。

考えてみますと、本格的な登山をする方々が強烈に持っているのであろう必然そして自負は、多分、②の気力も①の体力・技術も確固たる〝価値追求性〟の上に構築され実現されるものである、ということではないかと推察しているからであります。価値追求性の土台の上にあるのです。そうなれば、③山なかまも同じ土台があってはじめて生まれるものであるのは自明でありましょう。

それは、先回の〝生きよという声〟の共有者たち（仲間）が価値（目的）追求性の土台の上にあることを強く連想させ、しかも、その価値（目的）は〝生きること〟〝生存の追求〟であって、渡辺の言う生命の特徴との類似（相関性）がより大きいと思われるのです。

そして、この生命での特性と登山での特性の考察の輪に、〝共存の空間を形成〟して村人たちが行ってきた〝生き続けるための灌漑の形成〟も共通すると考えても良いのではないかと直感的ではありますが思えたのです。

三者に通暁し、まず考えるべき価値追求性について渡辺の考えを見てみましょう。

著書『生命と自由』は、古希を目前とした渡辺が理論物理、情報科学そして科学哲学を究める生涯の蓄積に立って、大学院生（上智大学）を対象に行った講義が元になっている（はしがきより）。目次で紹介すると、生命を四つの根本的な区分（立場?・側面?・）から、第一章「もの」「こと」としての生命、第二章存在の基底としての生命、第三章機械としての生命、第四章化学系としての生命、と説いていった上で、最後に第五章自由追求としての生命で、科学の新たな方向を期待している。それは、生命の根本的特性から考えて、〃科学と哲学が、古い伝統に由来する因果性の束縛から解放されて、もっともっと大きな視野をおおうような新しい方向に向かって動き出す〃ことへの期待である。

そのような本書の第五章の第一節生命とは何かで、先述の生命の四つの特性を述べ、最後の第四節精神性と目的論の部分的復権において、人間の価値体系について、以下のごとく書いているのである。〃価値体系というものは、人間の個体として、また種族としてのひろい意味での生存・残存を中心として統一されたものです。これは低い水準では欲望であり、高い水準では宗教的信条です。いずれも、価値とは生命を前から引っ張るもので、（因果律のように）うしろから後押しするものではありません。〃

こうした渡辺の、人間の価値体系が〝生存・残存〟を中心に統一され、その価値が生命を前から引っ張るという考え方は、人の行為を継続させる動因（ポテンシャル）について、先回の「〝灌漑形成のポテンシャル〟をこのような絶対者への（内なる）信仰と考えてみたい」と思うことにもつながっているのではないかとハタと膝を打つ思いであります。

また渡辺の言う欲望こそ、私が言う『死にたくない、生きていたい』と身体中から湧き上がってくるのであろう声につながるものであって、価値体系を超えて生命を後押しするものではないかとさえ思うのであります。渡辺が欲望を低い水準と位置付けているのは価値の低さではなく素粒子の物理で見られるエネルギー準位のような見方でのことではないかと思うのでありまず。低級なといった評価は意味されていないと思います。生命の基本にある価値追求性とこの欲望こそが生命体の成長・発展の基礎となっているのでありましょう。

さて、登山について考えてみましょう。登山を生命に的を当てて考えれば、私はさして経験はありませんが〝岩登り〟ということになりましょう。岩登りは、体力・技術、気力、山なかの状態の如何が即、墜落死につながる切実さを持っていて、生命的特徴が一番顕著に見えるように思われます。テレビの登山番組や山の本からの知識で岩登りでの行為を想像しながら考えてみましょう（噴飯ものかと思いながら）。

垂直な岩壁の岩肌の僅かなスタンスに立っている自分を想像してみてください。そこから行動を起こそうとするときの問題は、第一は、人間は登るより下るのがはるかに困難であること、大げさに言えば、行動の向きに不可逆的性質があることです。第二の困難は、壁に張り付いている（人間の二足歩行による特質が発揮できない）ために視野が極めて狭く、大げさに言えば、命がかかっている大状況の中にありながらそれに比して行動のために得られる情報が極めて少ない、情報の限界性（と言っておきます）が強いことです。第三の困難は、必要十分な筋力を体の各部分が有することが求められ、どの部分の力不足も死につながることです。これは散歩で必要とされる体の部分と筋力を比べて考えればすぐわかることです。

これらの困難をクリアーして岩壁を登り切るのにクライマーはどうしているのか。第三の困難解決の課題は体力強化とそれを十分に発揮させる気力でしょう。これは明快です。第二の困難は、今問題にしている価値（目的）追求性に直接関係することです。岩壁登攀の目的は岩壁を登り切り目指す高みに到達することです。如何にして情報の限界性を突破して目指す高みへの道（自分の技術と体力にあったホールドやスタンス、そしてビレイポイントのつながり）を発見していけるか。未経験者の私の想像では、予備知識がなければ不可能のように思えます。予備知識がなければ試行錯誤しか思い当たりません。ここまで来て、山の師匠がさりげなく言った「岩登りの神髄はルートファインディング」との一言がハッと思いだされます。命の掛った道を見つけ出していく、あるいは見失わない。どう考えても、岩場のスタンスに立つクライマーの〝今〟の情報だけでは明らかに不可能でしょう。目的追求を可能にするのは目指す高みへの道に関する①岩場に残る先人の痕跡②クライマーに蓄えられている知識③山（ザイル）なかまに蓄えられている知識でありましょう。これらを総動員してルートファインディングは行われ、それが岩登りの大切な技術であり、また大きな楽しみなのでもありましょう。

岩壁登攀を想像していて、必要な知識（自分と仲間の）について大切な補足があることに気付きました。目指す高みの場所（目的、価値のある場所）と登攀開始地点を含む岩壁全体がじっくり見える地点（単数とは限らない）からの知識及び過去から現在までの知識（登攀記録等）といった〝この時・この地点〟から離れた知識が必須であることです。この次元が異なるとも言えそうな知識があって初めて行為を実現する可能性が生まれ、山の雑記帳の著者が言う登山の気力（目指す高みへと引っ張る力）が持続し、渡辺の言う価値追求性、生命を前から引っ張る力（ポテンシャル）も持続するのでありましょう。

そして、このような知識は生存に向かって用水を形成してゆく共同体の営為を思い浮かべれば殆ど異なるところはないように、私には思えるのであります。

最後に、仲間のいることについてまとめておきますと、仲間がいることは第一の困難の軽減を可能にします。仲間の力を借りて安全に下降すること（懸垂下降）が出来ますし、第三の困難の軽減も可能にします。仲間の力、ザイルを使っての吊り上げや確保といった技術と力が働くことが考えられます。そして、岩壁の中で離れた場所にいる仲間の目が第二の困難の軽減に大きな力となるのでありましょう。

山なかまと村落共同体の人々、そしてあらゆる共同空間にある存在、そこには私の想像を超えたメカニズムと魅力があるのでありましょう。

以上著作の字面をなぞり良く理解しないままではありますが、岩登りをこのように見てくると、価値(目的)追求性と実行力に関して、登山の特性が命の特性に通底するのは当たり前だったと思えてきたのであります。

(1) これら三つ、すなわち体力・技術、気力、山なかまは山行に欠くことができないものである。蛇足になるが山行の技術は、目指す山行に合ったものであれば良く、またその基本は荷を担って歩くことである。これら三つが合わさって今回の偉業を達成されたのでありご夫妻はまさに山行の達人であると言える。

この三つ、体力・技術、気力、山なかまを自己評価し、その積を求め比較してみると、自分の至らなさが良く分かる。山行の達人は世に多くいると思う。しかし、夫婦揃ってはなかなかいないのではないか。

山なかまに配偶者がいることは本当にすばらしいことである。仕事優先で家庭を配偶者任せにしてきたサラリーマン上がりは、残念ながら夫婦一緒に過ごすことに慣れていないのが一般である。山行はもっとも協調を必要とするものであるが、もっとも自我が出るものでもある。それを五八日間続けられたことは、独りよがりに山行を愉しんでいる私には気の遠くなる話である。

ご夫妻は山行の達人だけでなく、人生の達人にちがいない。

参考文献

渡辺慧『生命と自由』岩波新書、一九八〇。
ウェブサイト「今山へ（その二）」（中道宏）の「山の雑記帳」からの抜粋。

VII　低平湿地の植生と食用植物

はじめに

Ⅳ章で、「凹形単位体の軸方向の傾斜が小さくて重力の影響の程度が極度に小さくなった場合は水流の向きは何によって決まる（決められる）のかという面白い問いが生まれてきます。低平湿地のような地形が極めて平坦になったような場合です。そこには、集中過程と展開過程の境界、位置のエネルギーの変化しない地点乃至状態に至っている場合を考えてみることができます。海洋、そして、かなりなマクロの目で眺めた場合の沖積平野が頭に浮かびます」そしてさらに「マクロにみた場合、これに近い条件の現実の場所の代表が、沖積地、デルタ平野の中の低平地（低平湿地）でしょう。マクロの程度を下げていけば、方向が定まらず多方向に発生する流れの変化（河道の変動）の累積を示す乱流の痕に残された自然堤防の間の（もう其処では流路を形成するほどの位置のエネルギーの変化を持っていない）水面や平坦面が目に浮かびます。」「低平湿地の水面、平坦面での水の移動に頭をめぐらせれば、そこには、灌漑形成の原点を見ることになります」と述べました。

この低平湿地は、地球規模のマクロのスケールでみると、地形は平坦で、地形による位置のエネルギーの変動は無視（「０」と考える）できる状態です。水の流れの面でも、時間を短くすればエネルギーの変動を「０」とできる場所です。

地表での二つの終点、一つは人間の関与する人工物「水路系」の終点の水田、もう一つは人間が水利の面では人工物としては関与しない（もちろん水の氾濫については関与しています。治水、そして法という人工物を介しても人間の関与があります）河川系の終点の低平湿地、この二つについて、これから考察を行います。

低平湿地では、地形の強い影響下での灌漑形成ではなく、地形の影響が少なく、人間の影響力が主体となって形成される灌漑を見ることが出来ます。

1　低平湿地の植生

まず、低平湿地の植生についてです。灌漑は潜在的な動機〝生きようとすること〟を根源に、生きるための糧の生産を目的に行われます。したがって、灌漑の考察に当たって低平湿地の特徴を捉えるのは、多くの側面の中で、まずは植物に注目してみるのが順当でしょう。

手元にある文献（原色現代科学大辞典3、宮脇昭編『植物』学研、一九七三年）を見ますと、低平湿地には、挺水植物群落、浮葉植物群落とされる植物群落があって、前者は水深〇・五メートルから一・〇メートルのあたりに生え、代表的な植生は、ヨシ、マコモで、後者は水深一・〇メートルから一・五メートルのあたりに生え、代表的な植生はヒシ、ヒツジグサとあります。

私たちが今注目している低平湿地に関しては、〝河川下流部の水辺には、広い範囲にもっともたびたび出現しているのはヨシマコモ群落である〟とあります。この状況は、私の経験に照らしても、皆さんの見解からしても納得のできることと存じます。ヨシマコモ群落は、景色を思い起こしてもまた〝蒲原〟という地名が見られることからしても、それに何より我が国は古来〝豊葦原瑞穂の国〟と言われてきた（今はこのイメージで我が国を思う方は一部の老人を除いて少ないだろうことは残念ですが）ことを思えば、ヨシが主力でありましょう。

その〝ヨシ群落〟については同書五七頁には、〝ヨシ群落は池沼の岸辺や河川下流部の河辺に大面積で繁茂する。（中略）水際を挟んで水中と陸上に及んでいる。ヨシは水分条件に対して適応の幅が大きく、水深一・五メートル（水上）から地下水位一・五メートル前後の土地（陸上）まで生活圏になっている。「両性植物」という。ヨシの生活の中心は水際近くの水中です。ヨシマコモ群落は水中に成立する挺水植物群落である〟とあります。

低平湿地の水田が誕生する場所はこのような植物の世界であったのであります。

2　低平湿地での食糧生産を担った植物

次に、このような植物の生えている低平湿地を食糧生産の場所という側面から見てみましょう。

前節の記述からすれば、植生の基盤は基本的には水中で、広範な勢力圏を誇るヨシ（葦）は地下水位が高ければ地上でも生育する〝両性植物〟でヨシのような植物からすれば一定範囲の陸地も生育の場所となりえます。

ヨシのこのような両性的性格は、次章で述べる低平湿地において、水面の如き場所が水田に成っていく状態の変化が、稲の生育する場所の〝水〟〝陸〟両性的な性格と呼応しているとの考えをもたらし、はなはだ興味深いのです。

このような水陸両性的な場所に生育する両性植物を、まとめて湛水性植物とし、地表・地下共に湛水のない場所（完全な陸地と言える土地）に生育する植物を非湛水性植物として分類しますと、低平湿地での食糧生産を担う植物は、当然湛水性植物の中の食用植物ということになり、代表的な植物は、右記ヨシマコモ群落に見られるマコモ、ヒシ、ヒエ、ジュンサイ、そして現在確認されているかどうか知見を持ち合わせませんが低平湿地の野生のイネがあったことが想像されます。これらのうち人にとってマコモはヨシと同類の用途に近く食用としての比重は低くかったと推定されます（ジュンサイ並み？）。

そうなると、低平湿地での食糧生産はヒシ・ヒエそして野生のイネが頼りということになり、そこを基盤に人間が生きていくための食糧を生産していくには、これら野生の植物だけでは甚だ頼りのない場所だったと言わざるをえません。低平湿地の食糧生産には栽培植物が必要でした。低平湿地は植物利用の面でも、人の関与・存在が欠かせないものでした。

そしてここにこそ、低平湿地の栽培植物としてのイネの存在があるのです。このように考えると稲の存在の大きさ（巨大さ）には改めて瞠目致すところであります。低平湿地で人の生存を支える植物は、まずは、栽培植物としてのイネしかないのであります。

ヒエは栽培植物か非栽培植物かで注目すべき存在です。現在ヒエは稲作での雑草の代表格で、当然非栽培植物ですが、畑作、特に焼畑農業におけるヒエ栽培の重要性を考え、また低平湿地で農業が始められたころの食糧生産に思いを致しますと、栽培植物としてのヒエについて少し考えておいた方が良いと思います。ただ、〝栽培とは何か〟にまで話が及びそうで、水田誕生に関わる身勝手な見方で少し整理してみます。

結論を先に述べますと、農地や用水の整備水準が低く外部環境からの影響を受けやすい段階では、イネに比べて耐干・耐冷性に富み過湿にも強いヒエは、人間にとって外部環境の変化によるイネの不作を補う植物として、栽培植物に近い重要性を持っていたと考えるのです。

一定範囲の土地で生きることを宿命づけられた人々にとって、食糧生産の必須条件は、その継続性の強さです。命を支える基盤となるものは、その継続性確保が最重要だと言うことです。命は切れたら終わりですので、その仕組みには生命の中断をさせない仕掛けが必要で、環境の変化に耐え稔をもたらす性質は貴重なものです。(ここで命は〝個とその集団が相互依存して存在し続けるもの〟と考えながら進めたいと思っております。)

ヒエの性質は、「その原型はミズビエまたはノビエ」とされ、「イネの渡来以前、アワとともに主食であったらしい」「ヒエはその名称が冷えるということと関係があり、冷えるところに生える作物という意味を持っていると言われる。このように比較的寒冷地・高冷地に多いが、これは性質が強健で低温・干ばつ・過湿に強いなど環境への適応性大きいためである」とされている（『農学大辞典』養賢堂、一九七五）。

このようなヒエの性質は、水田の誕生、すなわち湿地がこれから述べる過程を経ながら水田へと進んでいくときに、野生、半（準）栽培、栽培の各段階にわたって作られるのに適した〝移行期の作物〟としても好適だったと考えられる。

そしてこのような移行期の作物であったがゆえに、湿地から水田が誕生し、以後水田の整備水準の向上、イネの品質の向上、栽培技術の向上、そして嗜好も加わり環境悪化の際の救荒作物としての存在価値が減少し、水田の雑草として扱われることとなって久しいのであろう。しかし、植物としてのその潜在力は変わるものではない。

低平湿地での水田誕生の場面に登場する植物は、イネ、野生のイネ、ヒエなのである。

筆者はこの他にサトイモの存在があると考えている。サトイモについては、第一編Ⅲ章、Ⅳ章及び拙著『村の肖像』八二〜八九頁にあります。

VIII　おわりに〜水田灌漑システムの発展〜

はじめに

さて、このVIII章では、VII章の低湿水田地域の状況とそこでの食用の植物に引き続き、低湿地における水田の誕生、水田レベルでの水使用と書き進め、灌漑の成立のメカニズムを述べることになりますが、そのためにここでは、低湿水田地域を例に水田灌漑の発展過程について、その要点をまとめた、論文「水田灌漑システムの発展過程」を紹介し、この話題を終わらせて頂きたいと思います。最後に、〝予期しがたく変動する水を拡げて注ぐ（灌ぐ）〟行為である灌漑そのものを考えて頂く参考になればと思うのです。

水田（それぞれの一枚の水田）は、どのような過程を辿って、人間の生存の基盤をなす灌漑のシステムとなって行くか。論文集『水利の風土性と近代化』（志村博康編著、東京大学出版会、一九九二）から転載いたしました拙文を読んで頂き、用水なるものとこのサイトの主題である環境と人間を考える際の知見に加えて頂ければ幸いです。この論文（第一節の全文）は、階層のイメージが生まれればと思って、集団の広がりの規模で項を分けて述べております。なお、全文引用のため、Ⅲ章と一部重複があります。また、転載部分は〝灌漑〟は原文のママ〝潅漑〟としています。読み取り作業に伴い字体、段組み等の相違があります。

1 水田灌漑システムの発展過程

1－2 水田潅漑システムの発展過程

Ⅰ 一枚の水田（単位水田）を対象とした考察

(i)準水田（水田以前の稲作地）

水田潅漑システムは、その形成過程や構造の如何にかかわらず、一枚一枚の水田（以下、単位水田という）を対象とし、またそれらの集合体に立脚していることは共通のことである。水田潅漑システムの発展過程を考えるにあたっては、まず最初にこの共通した立脚点である一枚

写真1　インドネシアにおける畦畔のない稲作地と水面や湿地性植物に囲まれた畔のある稲作地（水田）の例（上田恒久氏提供）

の水田を対象にして湛漑について考察を行い、単位レベルにおいて得られる内容（湛漑の特徴、本質）をよく確認しておくことが大切であろう。低湿地での稲の成育基盤を考えると、それは、〝稲を植付ける場所〟（以下稲作地という）をつくるために湿地に人手が加えられた状態である。この段階の成育基盤には人間の行為（土の上置きや均平化）の程度によって、天然の湿地に近い状態から、農業土木学会用語集での定義[1]（以下単に定義という）の水田に近いものまでさまざまな段階が含まれていたと考えられる。この状態は水田への発展性を秘めた水田に準ずるものであることから、一つの画期として「準水田」との概念で位置付けておきたい。

(ii)準水田の湛漑の面の考察

準水田は、半陸地状の場所に土を上置きするなどしてつくられる。そこでは当初はこのような行為で維持改良がつづけられること、すなわち土地そのものが人為を前提にして存在していたことに留意すべきである。準水田での稲と水のかかわりの最大の要因は湿地の水面と準水田の土地の面の比高であり、湛漑と排水の機能は、水面に対しての土地の高さ（地高）の設定の仕方によって比重が変動するのみであって、概念としては分離しにくいものであった。この段階では土地と湛漑と排水の三者は未分化なまま、しかも人間の労働の影響をつよく受ける状態にあったといえる。

(iii) 湛漑の始まりかた

準水田の地高を高くする選択が増大しつづけると、干害の頻度が増し、一方では畦畔の設置も可能となって、ここにおいて水手当の必要性が生じ単位水田レベルでの湛漑の分化をみることができる。この段階では土地は畦畔の設置によって隣接する土地や水面から機能上は分離され、理屈のうえでは畦畔内の土地では周辺の水面からの影響を受けないで　水位の制御が可能となる。ここでの最初の湛漑の行為には、踏車など人力に依存した各種の揚水や一枚の水田の畦畔を高くして降水の貯留能力を高めることがある。この場合に、畦畔に囲まれた土地（単位水田）の貯留能力以上の降水があれば、余剰水の排水によって隣接する水田や水面およびその関係者との関係が生まれ単位水田の集合が生ずる契機となる。単位水田の集合の中での相互関係は、貯留能力と利用率の向上を契機に、同一人の管理下にある複数の水田を複合して水田の集合体としての貯留能力の向上を図る行為、さらには複数の者の範囲で同様の行為がなされることとなる。これらの効果を高めるために低湿地帯では等高線に沿った小堤防状の連続畦畔

写真２　インドネシアにおける田堤に相当する状態の例（木村克彦氏提供）

（江丸と呼ぶところもあった）の上流側での貯留能力の増大も図られた。このような手近な所での貯留能力の増加対策の範囲が拡大し地形などの特徴によって貯留機能が特定の場所に集中した例として「田堤」といわれたもの（皿池の水を使用したあとを田にする）があり、それは溜池が水田群から分化する過程の一つを示していると考えられる。以上のような過程は稲作での灌漑が分化成立していく状況を示すものと考えられ、また各々の水田が灌漑の実現のために水口からの流れや人力による揚水を通じてリンクされていることが前提にあり田越し灌漑の根本的な意味を示している。

Ⅱ　水田群を対象とした考察

(i)田越し潅漑の形成過程

田越し潅漑の原初形態は、限られた範囲での貯留機能の有効化が動機になって単位水田が一定の集合になっている状態だと考えられるが、その状態は、単位水田が相互に隣接するほど高密度に分布している場合（水田単一集合としておく）と、密度がある程度低く関係者の特定された水面などを介して分布している場合（水田水面集合としておく）に大別できる。後者はその水面の特定のされかたの程度（特定度としておく）によって、集合の集まり方には強弱があると考えられ、特定度がきわめて高くなった場合は水田単一集合に近い状態にあると考えられよう。これらの状態は、水の有効化を動機にして水田が連結されて集合体になっているという点では、田越し潅漑に類似しているが、水の流れの明確な〝順次性〟は少なく田越し潅漑としては未発達な初期状態である。しかしながら、ここで水の移動によって生じる相互関係による人間の集合の成立と水使用に関する相互調整が必要とされてくることは、田越し潅漑の形成の基礎をなすものと考えられる。このような水田群が、水田群内での相互調整とその結果必要とされてくる新たな水源や水利施設さらには水利組織の獲得を動機に潅漑のシステムとして形成されていく場合に、その目的を、予測しがたく変動する水源からの取水とその水の各水田への運搬・配分であると考えると、このような状態の水田群の発展過程は、当該水田群の外部にある水源からの取水の難易によって、およそ二つの過程が考えられる。まず、取水が容易な場合では、その外部水源に向かっての水田群内の水の流れと必要な施設の系統化が生じ、豊富に取り入れた水を単位水田間の相互調整の手段とすることとなろう。この場合は、この水の移動で単位水田間に一定方向の流れを生じ水源を頭とする〝順序〟が生まれてくることになる。この流れの順序の発生は排水に関する順序の発生も意味し、またこの移動の機能の特化は水田群内における水路系の分化の契機となる。その結果、水田群は定義の田越し潅漑の状態である「数耕区ないし数十耕区の水田が用水と排水のひとまとまりを形成し、（中略）水田を経由して順に下流側に送られる」状態に達する。取水が容易でない場合には、水田群内の降水の有効利用と困難な中でわずかに得られる外部からの水（多分、ほかに対して劣位で変動性も大きい──後述）の有効利用と、その水の厳密な移動と配分から始めざるをえない。このことに対する対応が貯留能力の向上を相互の影響を調整しながら進めていく発展の過程であるが、それには二つのケースが考えられる。第一は、畦畔を高くして貯留能力を増した水田が人間の相互調整のもとで安定性を得た場合で、それは貯留機能の強化された単位水田を含む水田単一集合として特徴づけられる．江丸や田堤のある水田群はその事例である。これらの水田群にかかわる人間の集団は相互調整によるリンクと共に田堤などの施設の建設という行為によってもリンクされることとなる。第二は、水田水面集合の場合に単位水田間に介在する特定利用の水面を相互に調整しながら利用することによって実現される場合で、揚水と共用となる水面の管理とによって人間の集団はリンクされることとなる。そしていずれの場合もこのようにして形成されてきた人間の集団が一定の組織機能を備え新たな水源を求めるための能力を蓄積して、それが必要とする水源までに存在する困難を越えたとき、取水の容易な場合に近い過程に至ると考えられる。これまでの過程をまとめて模式的に示すと図1のとおりである。

(ii)田越し潅漑水田の機能

このようにして形成されてきた水田群のもつ特徴は、潅漑が田越しによって行われ一定のシステムをなしていることである。田越し潅漑水田の水利上の機能を図2のモデルのように考える。この系は、農民、単位水田、水口、水の四つの要素で構成され、各要素は主として次のような機能によって系を構成していると考える。単位水田は貯留機能と水路機能をもち、水口は単位水田間の水の流れの制御機能をもつ点となっている。水路に接している水口はこの水口を通じて流れを共有している水田群と水路との接合子になっている。水はこの一連の水田群の目的となる移動と配分の対象であるとともに移動するそのことによって要素間の結合の機能をもつ。農民は単位水田の貯留能力と水路機能および水口の制御機能に働きかけ、水の移動に変化を与える。それは水の配分への影響となって結果してくる。このことは、水は移動の対象であることによって農民の行為に関する情報の伝達機能を有することを示している。この水の流れと情

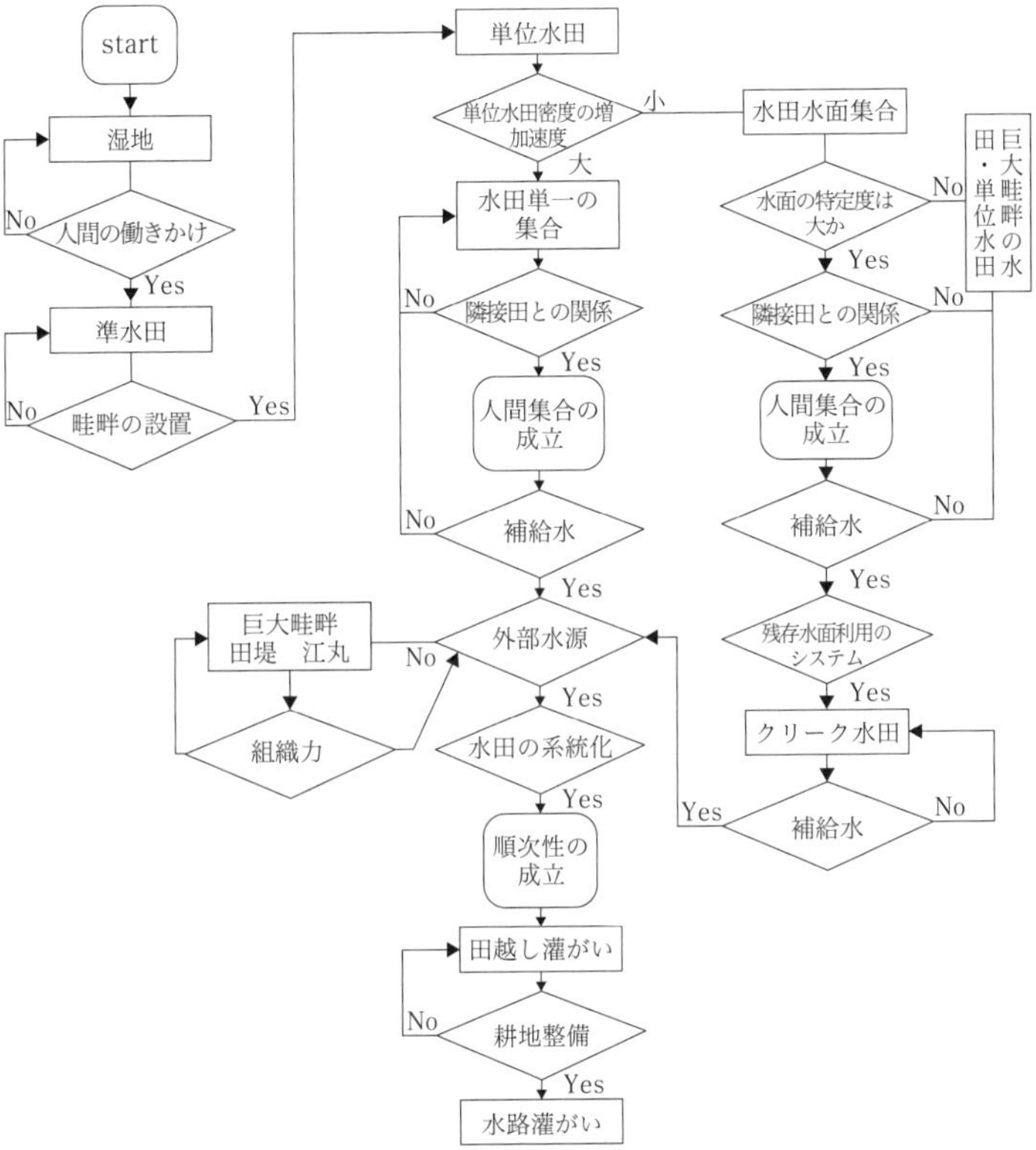

図1　潅漑の形成過程模式図

報によって各要素は機能的に連結されることとなって一つの集合が形成され、それがこのモデルの範囲となる。このような田越し潅漑では、立地条件の悪い湿地にある準水田は、用水路や集落からも遠く時期的にも遅れて水田となることから、末端でかつ後発という不利を負うこととなる。

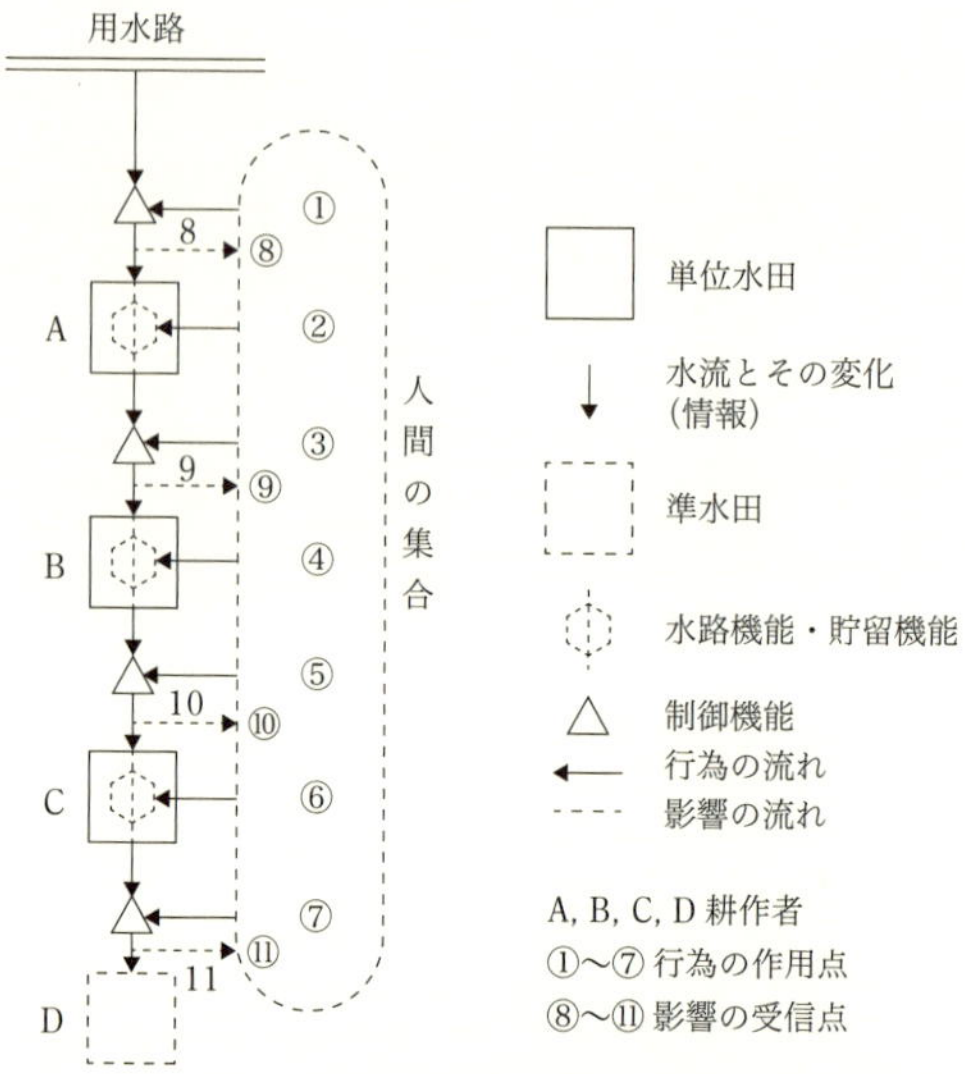

図２　潅漑水田の機能モデル

Ⅲ　水田地域を対象とした考察

これまでに考察をしてきたような水田群が大量に集合して一定の範囲を占め、潅漑の実現のために共通の系を有するに至っている空間を、ここでは潅漑システムを考察するための水田地域として考察を進める。そしてこのような地域レベルでの潅漑の成立の基礎にあるメカニズムとして、まず水の配分の基礎をなす水を分割するという行為をめぐってみることのできる流水と人の集合の関係について、ついで水利用での相互関係を秩序づけている古田優先の考え方の基礎にある流水の変動性と順位の関係について述べてみたい。

(i)水田潅漑における流水の分割

水田地域内の多くの水田群が共通の水源や水利施設をもつようになると、地域内の各々の水田へ適正に水を運搬・配分するためには、流水の高比率の分割を安定的に実現することが必要とされるようになり、しかもそこで求められる分割は分割の対象が変動性の高いものであることが特徴である。水田における潅漑の特徴をもたらす一つの要因として、この変動の可能性のある対象物を高比率で分割し、しかも条件によっては分割の比率や水を供給する範囲も変動するという事象があることは、水田潅漑の理解のためにも注目に価する。水田地域の典型的な共通の水源としては河川からの取水堰がある。取水堰での取水を頭にえがきながら取水量とその分割を行う人の集合との関係について考察してみたい。取水の対象である流水は変動するが、仮に十分短い時間を考えて流水の変動性を無視できるとすれば、取水量と人の集合の関係は、人の集合の影響によって取水量を変化させることについての外部環境から受ける拘束の程度によって、およそ次の三つの状態に分けて考えることができよう。①取水量の変化に対する拘束が非常に大きく、人の集合からの影響による取水量の変化が小さい状態（人の集合の働きかけにたいする対象からの応答性が0に近いと考える）。②取水量の変化に対する拘束が非常に小さく、人の集合からの影響による取水量の変化が大きい状態（応答性が1に近いと考える）。

③取水量の変化に対する拘束が右記の中間にある状態（応答性が1と0の間に分布していると考える）。第一の状態は、たとえば、渇水が極限に達している状況や、取水を続けている人の集合への外部環境からの拘束がきわめて大きくなっている状況において現われる。そしていうまでもなく流水の状況の豊かな場合に第二の状態が現われる。なお想定される場合としては、河川などで取水量の変化の上限近くまで排他性が確保された取水がある場合も第二の状態が現われよう。第三の状態は一般的な場合である。この場合を流水の状況との関係でモデル的にとらえると、応答性は流水の状況が通常である常時の応答性を中心に、流況の豊渇などによる極限の状態である第一第二の状態に向かって分布することとなろう。各状態を時間的過程の中でとらえれば、変動性のある対象と人の集合の関係の考察の起点の一つにはなろう。第一の状態についてみると、ここでは取水地点からの水の流れの変化もなく、取水のための制御や調整に必要な情報も少なく（応答性が0に近いことによって）、人の集合は情報に関しては閉じた系であるといえ、この場合は水の分割の実現は人の集合の有する機能に依存して行われることとなり、人のエネルギーは外部には向かわず集合内での調整に集中すると考えられる。自流量利用時代の末期に水田地域の農村の共同体機能の増大があったとされることはこの例になろう。(2)第二の状態の場合は、第一の場合がクローズタイプとすれば外部依存のオープンタイプといえ必要な取水量を取りそれを分割することになる。ここでは情報は人の集合の外部に向けられ水

の流れの変化も多い。人の集合内部での調整はあまり必要とされず人のエネルギーは内部での調整には集中せず、例えば共同体機能も小さいものにとどまろう。第三の状態は前二者を境界条件とする一般的な場合で、ここでは水の分割にあたっての内部での調整と、分割の対象である取水量の変化への働きかけの両方がある。それは人の働きかけで変化させた対象物を調整を重ねながら分割することとなる。このように流水の変化と高比率の分割の実現についてみると、潅漑の実現されている地域には、流水の変化の状態（変化のメカニズムも）や分割の状態とその結果などについての大量の情報の集積があることが考えられる。

(ii)水田潅漑システムの秩序化のメカニズム（古田優先を例に）

さて、それでは次に流水が変化するということと人の行う調整の関係について、水利の調整の基本の一つである古田優先を例に考えてみよう。水田群、水田地域、さらには流域（関係地域間の情報の流通とそれに基づく行為が可能な範囲内でという限界つきではあるが）のいずれのレベルにしても、水利の調整にあたって古田優先が規範でありえたのは何故であろうか。以前からそこに在ったというそのことのみで、レベルを超え時代を超えて、調整の最終局面であらゆる情報が渦巻くなかで規範性を発揮しえた必然性は何に基づいていたか。そのもとにこそ、流水の変動性、人間が予期しがたい流水の変動性があり、それがまたそのような変動に対応して地域が安定性を得るために水田地域に大量の情報が存在し生産される所以でもあると考えるのである。古田優先、すなわち先発の水利用の優先性は、流水とくに渇水時の流量の変動性とその流水に関係する地域における水利用（水田灌漑の形成過程を考える場合には、ほぼすべてが水田の用水）の継続的な増加によって生まれる。まず古田優先の生じない仮想のモデルについて考える。古田優先の考え方は流水（以下河川の流量をイメージして進めよう）の変動性によって生まれると考えるので、仮想モデルは年々の流量変動のない河川を仮定する。その変動のない流量（恒常流量Q_pとしておく）のみをもつ河川は理想河川と呼ばれるにふさわしい。理想河川では、この河川に依存する各々の取水の総計がQ_pになるまでは各々の取水はいずれも必ず取水でき、Q_pをこえるといかなる年でも取水の可能性はなくそのような取水は存在しえないので取水の開始時期による各取水間の優劣の差はなくすべて平等である。

すなわち、q_iを取水量、取水できる確率をq_iとすると、$\sum q_i \leq Q_p$の場合は、

$$\bar{q}_1 = \bar{q}_2 = \cdots\cdots \bar{q}_n = 1$$

一方Q_pをこえてq_{n+1}の取水を画っても、河川には、どの年にもQ_p以上の水はないので、q_{n+1}の新規取水は開始しえない。すなわち、

$$\sum_{i=1}^{n} q_i = Q_p \qquad \sum_{i=1}^{n+1} q_i > Q_p$$

$$\bar{q}_1 = \bar{q}_2 = \cdots\cdots\cdots \bar{q}_n = 1, \quad \bar{q}_{n+1} = 0$$

このように、流量変動のない理想河川では、取水開始の可能な取水はすべて一〇〇%取水で

きることとなり調整は不要となる。その意味でも理想河川である。現実の河川は年々の流量の変動があり、仮想モデルの平衡は常に破れている。年々の流量に変動のある河川では、ある確率で起こる流況のよい年では、後発の取水にも取水の可能性が生じるので、先発の取水より水不足の生じる可能性が高いこと、すなわち先発の取水より劣位であることさえ承知であれば、後発の取水は開始しうることとなる。したがって地域における開田の動機が大であれば、年々の流量変動の振幅の大なる河川ほど次々と後発の取水が出現する可能性をもっていることになる。しかしながらこの場合には各々の取水間には優劣の差がある．すなわち、

$\sum_{i=1}^{n} q_i \leq Q_{\min}$ の場合は　$\bar{q}_1=\bar{q}_2=\cdots\cdots\bar{q}_n=1$

$Q_{\min}<\sum_{i=1}^{n} q_i<Q_{\max}$ の場合は　$1\leq n\leq C_1$ では、$\bar{q}_1=\bar{q}_2=\cdots\cdots\bar{q}_{C_1}=1$

$C_1<n\leq C_2$ では、$\bar{q}_{C_1}>\bar{q}_{C_1+1}>\cdots\cdots\bar{q}_{C_2}$

$C_2<n$ では、$\bar{q}_n=0$

ここに、

$Q_{\min}$：年々の河川流量の変動幅の下限値

$Q_{\max}$：年々の河川流量の変動幅の上限値

C_1：その取水により $Q_{\min}$ に達する第 C_1 次の用水

C_2：その取水により $Q_{\max}$ に達する第 C_2 次の用水

このことは、河川の流量が減少して、流量が当該河川の関係地域の総取水量を下回ったとき、どの取水から取水量を削減すべきであるかを明確に示している。それはより後発の取水からの削減であり、先発の取水が優先される古田優先となることにほかならない。

この関係にあらわれる長年にわたる河川の流況に関する知見や地域の開発、それらに基づく判断のために要する情報の蓄積を考えれば、この一例をみても水田潅漑システムが各々のレベルで形づくられ、必要な安定を得て形成発展を続けるには、流水の変動性と人間の関わりそしてそれをつなぐ情報の重要性に十分に思い至るところである。これまでに述べたことを一筋の例として水田潅漑の理解のための考察の広がりが生まれればと考える。

（1）農業土木学会『農業土木株準用語事典』（第三版）

（2）志村博康『現代農業水利と水資源』東京大学出版会、一九七七年。

（3）川尻裕一郎「低温水田地域における潅漑発展の基礎過程に関する研究」、『農業土木試験場報告』二六号、一九八七年。

（4）川尻裕一郎「水利秩序の課題としての水利慣行」、農業土木学会農業水利研究部会『水利報』創刊号、一九八二年。

2　生きよと言う声と共同の姿

「生きよと言う声」は、全ての生物の内で（細胞レベルから）生じ共有されているだろうと私は考えておりますが、ひとは、それを集団としての内なる声（あるいはひとが神なるものと考えたもの～私の場合は〝生きよというもの〟～の声）として聞き、また一方では、〝考える人〟となった生き物は、死の必然にもたじろいでいます。生きよとの声に励まされ生き永らえつつ、死の必然が待ち受けるのを知る〝人間の生〟。その矛盾の中で、ひとは集団をなし今日まで生き続けて来ております。灌漑と〝村〟に関心を持ち続けて来た私は、その矛盾の中での人々の生きざま、生き方を、日本の用水や村に見た気がしております。

そして、草木の茂る、再生が余りにも自然に見られる国の人、日本人の心的性質には、再生の能力は自然にある（自《おの》ずから然《しか》る）とする傾向があって、そのような自然の下で、あたかも胎内で生きているかのような感覚（環境の受け止め方）が潜在して、究極的（生死の狭間では）には、周り（環境）を信じてしまう、そのような傾向の中で社会が造られて来たと私は思っております。千年に一度のものかとさえ言われる災禍の最中での〝争いの無い姿、共同の姿〟に、私はそのようなことを思ったことを思い出しております。一方では、その対極、草木の茂らない国では自然な再生を信じない、そのような傾向の中で社会が出来上がって行くことも想像されます。そこでは、自然以外に信じるものが必要とされ、人為的に神なるものを生み出す心的傾向があったのではと想像を逞しくしているのです。たとえそのようなことが、〝気付きの共有の潜在〟（共同幻想という言葉も頭に浮かびますが、まぼろしとは言えないでしょう）であったとしても、そうであった集団の方が生き延びる確率が高くなったでしょうから。

少々余談じみていますが〝気付き〟について、つい最近、初めて読んだベルクソンは、その著作（『道徳と宗教の二源泉』岩波文庫、第二一刷、一九八八）でこう言っています。「ひとが我々のことを気にかけるとたんから、我々は宇宙のなかで少なくとも物の数に入ることになる（存在することになる—筆者注）。それは経験の教えるところである」（二一四頁）。このことは、ひとの成長の動機あるいはポテンシャルとして〝気付き〟について考えをめぐらせることの大切さをも思わせます。

こんなことまで考えながら話題18を終えようとしている今、若き日に、海外技術協力の調査団の一員として、スリランカ国（一九六九年当時の国名はセイロン）で目にした巨大な石仏を感慨深く思い出しております。その石仏（写真参照。スライドには〝アウカナの石仏〟と書かれております）は、カラウェワ（Kalawewa）タンクといわれる巨大な貯水池（貯水量一億トンと言われていた）に向いて立っていると言われておりました。かつて、古代王国が繁栄した地にあって、目にした一対の貯水池と仏像です。

湖北の十一面観音、羽布ダムの貯水式の観音様、そして異国の一対の貯水池と石仏。水の姿は何故にそして如何にして仏とされるものに繋がるのか。その答えに通じる道を、ベルクソンの「ある進化線上においては、本能は自分の場所の一部を知性に譲ったということや、その結果生命のある混乱が生じうるということや、その場合自然は知性を知性に対抗させるよりほかには策を持たないということを、いつも思い起こしていなければならない。自然のためにこのようにして平衡を取り戻す知的表象は、宗教的次元のものである」(同前、一五七頁)に伺うことが出来るのではとの期待を持ちながらこの話題を終えることとします。

ベルクソンの著作を初めて手にして不思議で妙な気持ちがあります。今まで、ベルクソンを読んだことがないにもかかわらず、彼の〝生命の飛躍〟というキー

ワードは、〝エラン ヴィタール〟という原語をも伴って、私の記憶の中に以前から確かにあるのです（多分一時期それ程世の中に流布していたのでしょう）。これはとても不思議で奇妙な気持ちですが、それは、私が迷っていたおりに、村をよくは知りもしないのに、村でこそその答えを見ることが出来る「村を歩こう！」と誘ってくれた不思議な気持ちを思い出させているのです。

〝ベルクソンを読みながら〟、水の姿に共鳴して浮かんで来る心象が楽しみになっています。

第四編　残る響き

Ⅰ　エッセイ「蒲原にて」から

良寛を慕う心

蒲原の春は、大気にも羽音がある。

うらうらとかすむ沃野は生命が満ちわたり、弥彦の山のふもとまで遠く低く幾重にも重なる村々では、村人たちが、出来秋の期待を胸に田仕事に励む。機械化が進み昔ほどではなくなっても田仕事、田巡りと、村人同士の心配りが最も感じられるころである。

今の季節になると、この平野の向こうの丘のような山、国上山に居まされた良寛さんのことどもが、なぜか心に浮かんでくる。

県民の心であろう良寛さんをこの小さなコラムで取り上げることが無理で失礼であることは、

承知はしている。それにもとより、私は良寛が県民の心であると、人を説得する論拠を有しているわけでもない。ただここでの日々が私にそう思わせるのである。強いてあげれば、ここに来て新潟日報に目を通すとき、さまざまな形で良寛あるいはその影響のようなものが目にふれ、県民の良寛を慕う心が思われるのである。

人の世が時の流れであることを忘れ去った感のある現在、このような新潟県民の良寛を慕う心は、私のような旅の者にはかなり強い印象である。県民の何が良寛を求め、良寛の何がこの地において今日的でありうるのか。新潟県民と良寛という大きな存在を対象にした問いに答えのあろうはずはない。

しかしながら、良寛に恵まれたこの地に住む人々がこの問いを問い続けることは意義の少ないことではないと、私は思うのである。

戦後四十年近くなった今日、世情は史上空前の繁栄をうたう。その陰でうつろいの色は濃く、特に教育の混迷は日本の今後に深い憂慮を抱かせる。

高度成長の中で、我々は何を失ったのだろうか、この加速度の果てを超える知恵はあるのであろうか。

これらの問いと、県民が良寛を慕う心とはどこかで深くつながっているのではないか。私にはそのように思えてならない。

山菜採り

山菜採りという言葉も新潟で聞くと、特有の響きを持っている。もう言い古されているが、それはやはり強い春のイメージである。

ことのほか雪の多かった昨年の春、五月の連休に娘たちを連れて中魚沼の津南に出かけた。津南駅、私には越後外丸といった方がより懐かしく聞こえるのだが、その駅裏の山の斜面には、むら消えの雪が残り、枯れ茅は、ひと冬の雪の重みで地肌に撫でつけられていた。

残雪と枯草を踏み分けながら斜面を行くと、雪の消え際に滴る水が小さな新芽を濡らしている。よく見ればやっと葉先が緑になったばかりで地際の茎は艶かしくさえある乳色の肌である。

登り切って小高い所に出れば、信濃川と段丘の雪の白に縁どられた津南の町が春の日差しを浴びて広がっている。背景の空には苗場山の大きくゆるやかな稜線がある。

沢の方から山着物に身を固めた女の人が登ってきた。片手の大きからぬ袋には山菜が入っているようだ。

山の季節のよく分からない私が「採れましたか」と声をかけると、「おそくて」と一言。その控え目で余韻のある声と表情の明るさは、言葉にはならない春の喜びを私に十分語ってくれるものであった。

聞けば、雪消えが遅くて山菜はまだまだそうだ。日だまりの所でどうにか大きくなっているとのことで、柔らかく初々しいウド等を見せてくれたが、あまり数はなかった。

その話しぶりは、山菜があたかもいとおしいもの、自分らが見守りながら育てているものと思わせるようでさえあり、私のような都会《まち》の者がともすれば思いがちな、山野の無主物を後のことも考えずに採るという感じからはおよそ縁遠い温かいものであった。それは、ここの人たちにとって、山菜を一本一本採っていくということが、食べる物を山から採るという行為であるばかりでなく、生命の復活の確認と祈りという無意識の行為でもあることを思わせた。

山里の春が私に教えてくれたことである。

合唱コンクール

白く乾いた校庭を歌声が渡ってくる。合唱部の練習であろう。全国大会をめざしていよいよ仕上げに入ったころなのであろうか、美しいハーモニーが汗ばんだ体を心地よく包んでくれる。

今、この午後、全国各地の小中学校や高校で沢山の子供らが歌っている。

課題曲をそして自由曲を。

面倒な区別さえしなければ、歌の嫌いな人はあまりいないと思うが、私も歌は大変好きである。それに振り返ってみると、なぜか年を取るにつれて、シンフォニーや器楽曲よりも歌を聞くことが多くなっているようでもある。

老い先短く人恋しという年でもないのだが不思議である。

歌の中でも合唱が良い、合唱の中でも児童生徒の合唱コンクールの歌がいっそう良い、合唱コンクールでの歌の響き、そこには歌の巧拙を超えた美しさがある。

音楽のもたらす感動について、今は亡きブルーノ・ワルターは「満天の星を仰いで、心のときめきを覚えない人があろうか」と語っているが、合唱コンクールの歌声は、この言葉を一番思わせる。子供らの一心の歌は、頭を経ずに直接私の心に響き、時には涙腺をすら刺激する。

コンクールの長い長い歴史の中で多くの歌声があった。新潟と同じ雪国の歌では、お隣の山形県の高校生の歌った「雪の日に」があった。それは雪を知る者のみが歌えるすばらしい歌心であったし、九州の明るい陽光のもとで田んぼに勢いよく流れ込む用水を楽しく歌ったものもあった。熊本の小学生の歌声であった。そして子共らの柔らかく、温かく、伸び伸びと広がる世界を聞かせてくれた歌「貝のファンタジー」は心に残るものであった。

夏は白球を追って全国の高校球児の集まる季節である。同じ夏、合唱部の歌声、それは心の甲子園をめざす、もう一つの若者の世界である。

他人のいたさ

もうずいぶん以前のことになります。開拓事業の計画について、上司に説明をしていました折に、こんなことを言われたことがありました。「君、他人のいたさは百年でも我慢できるのだよ」。

今では、そのような話になった経緯は思い出すこともできませんが、ただ、このごろ、この言葉だけがひとり生き物のように私の内に住みついていることに、折にふれて思い当たるのです。

四十も半ばになり、時の上司の齢に近くなったためかとも思いますが、どうもその多くは、私がこれまでに携わって来た仕事のためのようにも思えます。

私たち、農林水産省の国営事業の事業所に勤めるものの仕事は、一言でいえば農業水利事業では三千㌶、開拓事業では四百㌶以上もの広い農地にかかわる土地改良を行うために、ダムや揚排水機場水路等の土木構造物を建設したり、農地の造成や整備の工事を行うことと言えます。

このような土地改良の国営事業は、対象地域が広く、農山村地帯の市町村では、そこの人達の期待を担った地域開発そのものと位置づけられる場合も多く、事業の成果は地域で末永く役立ててゆく施設になるという性格が強いものです。また、その工事は農家と農村が永い年月をかけて守り育てた農地や用水等にかかわるものでもあります。

このため、事業の計画や実施にあたっては、事業のひとつひとつ、工事のひとつひとつにも、慎重な心くばりが何よりも必要とされ、特に農業用水のように村々に深く組みこまれて来たものの場合には、このことが大切になります。

気がついてみますと、私はこのようなことを通じて「自分はここの村と人々を本当に知っているか」と自問し、自問し続けるようになっていたと言えそうです。そして、同時にわかりかけて来たことが、人には限界がある、人のことは本当にわかったつもりでも、私たちは「他人のいたさ」を自分のものには出来ないと言うことでした。

永らく農業用水のことを心にかけて来ていた私は、ふとしたことから一農婦の歌をしりました。

ひとつ石　動かして水を争いし　この石麦田の　畔に据えたり

（安仲文子歌集「稲の花」）

田に水を当てるときの、この心根の深さは私の自覚できるものではありません。残念ながら(また、幸いなことに)私たちは「他人のいたさ」を自覚できるようにはなっていません。私たちがせめて出来ることは、このことを自覚しながら、他人のことをわかろうと努めることではないのでしょうか。

私の上司がボソリと言った一言は、まさにこの一点にあったと思えるのです。

農の鎧

仕事をしている私の背を、いつも見下ろしている一枚の写真がある。

それは西頚城・桑取谷の小正月の習俗や日本海沿岸の、人と風土を『雪国』『裏日本』の二冊の写真集になされた濱谷浩氏の作品「田植女」である。

濱谷氏が『裏日本』の解説に「ここ、アワラの田植は凄い。ワラ屑をからだにまきつけ、ボロをまとって、泥沼に胸まで没して植えつける。日本の水田は父祖代々の血と汗によって、その多くは美田と化した」と述べられているこの写真ほど、蒲原平野の人と風土の持つ意味を、日々私に語りかけてくれるものは少ない。

そこには、今、抜け出して来たばかりの深田の泥で黒光りのしている農婦の姿がある。足下の泥田を背景に、肩口から始まり田に没している脚に至る農婦の正面像が画面を圧している。

あらゆるものは泥の色に覆われ、わずかに見える両の肩口と二の腕あたりの絣とおぼしき農衣の柄が唯一の例外としてひどく印象的である。

前へかるく振り出された右手には苗束が握られ、左手はバランス良く後方へ振られている。そして、そのバランスの頂点に、まさに前進せんとする左脚の膝頭の曲線がある。

その歩みの姿勢には、この深田を生活の基盤として生き抜いてきた農民の強い意志があり、荒縄で喰い入るように締められている胸元と腰のフォルムは生命そのものといえる強靭さを見せている。

農衣は泥で目詰まりして、古いキャンバスのようにゴワゴワになっている。太腿のあたりに分厚くこびりついた土にはひび割れさえ出来ている。

この泥の世界、その中に田植女の身体があり、その身体を泥に隠れて見えない絣の農衣が全身を覆い守っている。

田植女の身体を手甲が守り、細紐で締められた農衣の袖が小手となって守っている。蒲原で聞くところによれば、農衣の縫目は二重に固く縫い合わされ、群がりくる蛭から女の身体を守っていたという。

この絣の頼り無げな農衣こそが、田植女を守り永々と次の世代を育てて行った一つの砦であったのではないか。

それはまさに深田の中で幾世代となく続けられた闘いのための、農の鎧だったのである。

ひと時の興奮から醒め、距離をおいてこの写真を眺めると、その姿にはまぎれもない女のやわらかい優しさが漂い、海から上がるあのアフロディテの立姿を、今は亡きバーグマンが美しく逞しい身体を鎖帷子に守らせた、ジャンヌダルクのシーンを、ふと思わせる。

富山県下・上市町白萩で撮られたこの写真に写し込まれているものは、初冬の沈黙の中に広がる蒲原の地が何によってもたらされたかを明確に示している。

上越新幹線試乗記

新潟にとって今、新しい旅は始まる。

だがなぜか、私の心には旅立ちの華やぎは少ない。

ツートンカラーの車体、航空機の機内を思わせる車内、そして大宮まで二時間余の行程を約束する高速性と確実性のシステム。機能に徹したこの新しい交通手段は、白く乾いた存在にみえる。

試運転中のためかホームに人影はなく、この巨大なシステムにかかわる人々の姿も見えない。定刻に正確なアナウンスがあって列車は手慣れた様子で走り始める。人影のないことが新幹線の無機質性を強く印象づける。

より速くより正確に安全にと多くの技術革新が重ねられ、現在に至った。この上にさらにかつての鉄道の温かさを求めるのは、無用のぜいたくかノスタルジアなのであろうか。

かつての山里の駅、黒く光る重い転轍機が倒され、駅のはずれのポイントにつながるワイヤーに張力の加わる音がして、信号機の腕木がコトンと下りる。駅長と駅員は目線を交わし、タブレットを手にした機関士の防塵眼鏡がうなずく。それらの視線は旅の者に何にも増しての信頼感を与えた。忘れがたい心象である。

今その視線は、この列車の密室の運転席で計器の表示と点滅する光を見つめ、列車指令室では表示盤上を移動する点に注がれているのであろう。

列車が速度を上げ、蒲原平野の中に入ると、地図で確かめる暇もなく、白い防音壁の向こうを幾つもの村々が流れてゆく、角田のそして弥彦の山の山襞が生きもののようにその形を変える。

新幹線の車窓からのこの平野の新しい風景を心待ちにしていた私は、狼狽に似た戸惑いを覚え、ここの風土の持つ意味は、踏みしめた大地の経験と時間をかけた思考によってのみ実感されるものだろうかと思う。

見事に色づいた一面の稲田、その中に散りばめられたもののように色とりどりのコンバインや小型トラックが見える。

ほんの数十年前、だれが蒲原のこの風景を想像し得たであろうか。

蒲原は低湿の地である。この地に生を受けた人々は、アシやマコモの生い茂る水面のごとき地に堀を掘り、潟の底土を掘り上げて田を開き村を成し、水押場の深田を守って稲を育て、子を育てて来たのである。蒸気ポンプのころから排水機場を造り継ぎ今日に至った。気づかぬうちに眼下を過ぎる川の中にも、農民の汗で開削された排水路が多いのである。車窓からの風景を支えるこれらのことどもへの思いは、この速さのためなのであろうか、イメージとさえなれず消え去って行く。

新幹線のこの速度は、私を高速への憧れではなくかえって、歩くことへの思いへと誘い、人間が生まれながらに持っている歩行機能とひとの思考との深い結びつきを思わせる。

歩みの速さは体で感じながら思いをめぐらすにふさわしく、足で得る重力感は己と土地の存在を実感させる。そしてひとは歩くとき自然にひとの視線とめぐり合う。

ひとは歩くことによって、無意識のうちに風景の中から人間の営みを見取り、人間への思いを深めてきたのではなかろうか。

蒲原の田の道を歩きながら感じる充実感と安らぎ、それは歩くことによって生まれるこの地に刻まれた人間の営みへの共感によってもたらされる。

心地良いシートに座して場違いなことではあるが、芭蕉の旅への思いが、奥のそして細道であったことが思われる。

蒲原平野は、歩けば人間の営みの過酷なまでの真実とその詩を教えてくれるところである。

新幹線の走る今日、おりおりにこのような蒲原を歩く意味は大きいのではないか。

歩くことによって得られるこの地の風土の実感と人間への思い。これらを原点に据えての新幹線の利用、そこにこそ蒲原を走るにふさわしい人の温かみのある新幹線新時代への旅立ちがある。

長岡も過ぎトンネルの中を、関東を目指してひた走る車内でふと過るものは、何時の夜か車窓から、国上山にかかる月を見たいものだとの思いである。

II　散文詩二編

問いの詩

人は、問いに何故、答えなければならないのか
人間の関係が成立するためからか
それは人間集団成立の基礎、共同の基礎、社会の基礎であるからか

僕は「なぜ」「なにゆえに」と
問うて来た
「農村はなぜふるさとなのか」と

「汝は何故に斯くも美しきか」と
僕は「如何にして」と問うて来た
「この島国は如何にして我々の生存基盤となったか」と

だがしかし
今を去る幾千年の昔
遙かな彼方の
西方の
ギリシャの地で
ソクラテスは
「無知の知」を知った
求知の道を歩んだ

だがしかし
その人は
「何んであるか」と問うていたその人は

死んでしまったのだ
「弁明」の言葉を遺して
死んでしまったのだ

何故なのか
一冊の新書を手にすることが出来て
一人の哲学者が
藤沢令夫
その一人の人が
心を込めて
願いを込めて
心血を注いで
普通の人のために
書かれた
一冊の本「プラトンの哲学」に会えて
僕は知った

「何であるか」と問うことを

僕は問いを間違えたのだろうか
それとも
そんな問い方を
僕の人生がさせているのだろうか
僕が知った村人が
はろばろと広がる
原野が続く
高原の
多言を徳としない村人の
ヨナ降る谷に棲み続け
命を信ずる村人の
立ち姿が
万感のこもった
その瞳が

もたらした問いが
それを問い切れない未熟さが
させているのだろうか

僕は問い直そう
もう一度
問い直そう
時間は無い
かも知れない
だが問い直してみよう
「何であるか」と問い直してみよう

「村」は何であるかと
「土地改良」は何であるかと
「草木の茂る国」は何であるかと

先人の思想を糧としながら
鈴木大拙の日本的霊性
ベルクソンの生の哲学
そしてソクラテスに
プラトン
を糧としながら

問い直して行けば
書き残して逝けば
若者の内の誰か一人が
また問うてくれるかも知れない

問いの旅は続く
続く
僕から僕へ
僕から君へ

まだ見ぬ君へ
ふとこの本を手にした君は
問いの旅をする君は
何に想い至るのだろうか
その中の一人は
「村の尊厳」を想うだろうか
「草木の茂る国」の
命の継続を信じている民の
地球上にあることの意味を
そして価値を
知りたい
知ってもらいたい
そのように思いながら
問い続けるのだろうか

仕事の日々の経験の蓄積を土台にして

問い続けるのだ
僕も
そしてまだ見ぬ君も
君の友も君の子も

生きものがあるために言葉にならない言葉が要りようだ
人が人であるために言葉にならない言葉が要りようだ
そして人の集団があるために言葉が要りようだ
共同があるために言葉が必要だ
そして！そして！言葉と思想が必要だ
思想を生むのが問いなのだ
そして！やはり！その思想が生命へ向かう意志を生むのだ
生命の畏敬を感ずるのだ

人は、言葉にならない問いに何故答えようとするのだろうか
人間が成立するためであろうか

人間成立の基礎であるからだろうか

言葉にならない問いは何故生まれるのだろう
それは人は言葉をもたずに生まれるからだろう
言葉の前に命の営みが行われるからだろう

細胞君は言葉をもたないからだろう
臓器君も、神経君も言葉をもたないからだろう
人間の言葉では話していないからだろう
生きるために言葉にならない営みに目を向けよう
命に近くなるために
生命からの乖離を埋めるために
新たな社会を生《う》めるために

詩の詩

村を、土地改良を、用水を
僕は、結局、愛して欲しい、と思っていたのだ
愛して欲しい、好きになって欲しいと願っていたのだ
知りたい、知ってもらいたい、と思うのは、愛するようになってもらうためだったのだ
どうしてなの?
それは、僕が、愛しているから、好きだから
そのために、書くのなら、愛を書こうとするならば
書くのは、論文ではなくて、エッセイではなくて、詩だったのでしょう
愛を運ぶ、その船は、愛の便りを運ぶ文字列は、詩と呼ばれているものだ

僕は、間違えていたのだ
言葉にならない存在を、数千年の昔、プラトンが到達した、イデア、そのイデアの羊水
そんなものを、そんな存在を、論文で、エッセイで、書こうとしていた、なんて

いのちは、命は、生命は、言葉にならない存在だ
生きよという声の存在
それを伝える便りは、詩だったのだ、昔から、愛を担って旅をした
歌と呼ばれた音の列、詩と呼ばれた文字列だったのだ
そうだったのだ、歌が、詩が、愛の便りにふさわしいのだ
そして、むかしの、むかしの大昔、詩は音楽を生んだのだ
文字の生まれる、その前に、文字列の生まれる、その前に、歌があったのだ
人は、歌ったのだ、命の叫びを、生きよという声、その声に応えて、その声に促されて
叫んだのだ、歌ったのだ、詩を生んだのだ
そして、言葉にならない存在が、世に、現実の世に、姿を現したのだ
その姿を現したがっている音列たちは音楽と呼ばれるようになった
文字列たちは詩と呼ばれているのだ
言葉にならない存在、命がポテンシャルの生き物、そして、その集団、群、村
命に関わる諸々の組織、その無数のものたち
命をポテンシャルにして生まれるものは、発達するものは、形成されるものは
システムになっていくものは、詩がふさわしいのだ、歌うことがふさわしいのだ

僕は、間違いにやっと気が付いたのだ
そして知らずに詩を書いていたことにも気が付いたのだ
問いの詩と書かれている文字列を眺めながら気が付いたのだ

野球に、サッカーの勝利に、応援団が欠かせないのも
産土の祭りに囃子が欠かせないのも
ギリシャ悲劇に合唱が欠かせないのも
悲しいかな戦いに軍楽隊が欠かせないのも
人間には詩と音楽が必須だからなのだ

ギリシャ悲劇から合唱が欠けて、ヒーローたちの劇となった時から
知の独走が始まった時から、知を識った時から
人間は人間の栄誉の道と命からの乖離の悲劇の道とを
歩み始めたのではないか

人間の栄誉の道の先に

命からの乖離を埋める道を見つける英知を
人間は授けられるのだろうか
命を畏敬しながら知の道を歩む人が生まれることを期待しよう

草木の茂る国の文化に草木の茂らない国の文化が埋め込まれた国で、そのような新たな
文化が生まれ、世界が救われることを期待しよう

あとがき

　児童生徒向けの本「田園誕生の風景」の序文で、これなら誰でもわかることと思って書いた「死にたくない生きていたい」との思いは、四半世紀を経てやっと「生きよと言う声」へと至ることができた。その間、東日本大震災があって、私は映像で「海原へと流され行く家の上へ我より先に他人を押し上げようとする人」を目撃した。今振り返ればそれは出来事の苛烈さがもたらした幻影かとさえ思う。しかし、その姿こそ、日本人の、「草木の茂る国」の民の、根底に秘そみ続け社会を生かし続けている特性なのだとの思いに至ってもいる。

「草木の茂る国」の民の一人である私の最後の本を最初の主著を手がけて下さった日本経済評論社から出版できるのは嬉しいことである。

　巻末の初出一覧にあるようにこの一〇年の様々な機会に考え書き記した著作集である。そのため、重複や文体の不統一があって読み辛さがある。しかしそこには、題名が示すように、土地改良に関わりながら「村の歩みに命と共同を学び」取って、将来の糧にしたいという意志が一貫して著作群を支えていると思う。結果的には「生の哲学」の似姿に成っているようである。

ありがたいことである。現場に生きた一介の老技術者の著作を丁寧にお読み下さった哲学の徒の手紙から受けた印象である。陰で私を支えて頂いている一友人への感謝と共に心からの謝意を述べたい。有り難うございます。

最後になったが、難物でしかも販売の目途も立ち難い著作集を意気に感じて手がけて下さった日本経済評論社に謝意を表したい。

平成三十年初秋

川尻裕一郎

初出一覧

（収録にあたって加筆・修正した）

序　農村の歩みに命と共同を学ぶ／初出
第一編　ため池と里芋
Ⅰ　ため池のある風景（原題「はじめに」）／写真集『ため池のある風景』日本写真企画、二〇一三年
Ⅱ　ため池に想う（原題「ため池の写真に想う」）／同右
Ⅲ　里芋考／農業農村工学会『水土の知』二〇一八年九月号
Ⅳ　外来稲作の受容／初出
第二編　技術と知
Ⅰ　「知」の共同体と〝自発的知〟の創造／ウェブサイトSeneca21st 話題49
Ⅱ　生物の基本機能としての土地改良（原題『「大地への刻印」を生かし土地改良をよりよく理解するために」）／土地改良建設協会『土地改良』一九九八年九月号
Ⅲ　鈴木大拙の『日本的霊性』（原題「大地へ近き技術者の君へ」）／全国農村振興技術連盟『農村振興』二〇一五年一〇月号
Ⅳ　土地改良の現場で技術は如何にして誕生したか（原題「生存基盤とその技術」）／土地改良測量設計技術協会『土地改良の測量と設計』二〇一三年四月号
第三編　汝は何故に斯くも美しきか、何故に水の姿を纏いしか
Ⅷ　おわりに～水田灌漑システムの発展～（原題「水田潅漑システムの発展過程」）／志村博康編著『水利

の風土性と近代化』東京大学出版会、一九九二年

第四編　残る響き

Ⅰ　エッセイ「蒲原にて」から／『蒲原にて』新潟日報事業社、一九八三年

Ⅱ　散文詩二編／初出

著者紹介

川尻裕一郎《かわじりゆういちろう》

1936年，門司市（現北九州市門司区）生まれ．1960年，農林省入省，現場・本省・地方局経験後，構造改善局課長補佐水利調整担当，新津郷農業水利事業所長，利根川水系農業水利調査事務所長，農業工学研究所長，鳥取大学農学部教授，全国土地改良事業団体連合会技術顧問，農業農村整備情報総合センター客員研究員．

現在，北九州市八幡西区大字笹田（小狭田）在住．

主要著書：蒲原にて，田園誕生の風景，素朴な用水論，水利の風土性と近代化（共著），水とふるさとへ，村の肖像．

農村の歩みに命と共同を学ぶ
土地改良にかかわりながら

2018年12月15日　第1刷発行

定価（本体2000円＋税）

著　者　川　尻　裕　一　郎
発行者　柿　﨑　均
発行所　株式会社 日本経済評論社

〒101-0062 東京都千代田区神田駿河台1-7-7
電話 03-5577-7286　FAX 03-5577-2803
E-mail：info8188@nikkeihyo.co.jp
振替 00130-3-157198

装丁・オオガユカ
（ラナングラフィカ）　印刷・文昇堂／製本・誠製本

落丁本・乱丁本はお取り換え致します　Printed in Japan

ISBN978-4-8188-2514-7 C1061